どこに行ってしまったの!? アジアのゾウたち

あなたたちが森から姿を消してしまう前に

新村洋子［著］
ベトナムのアジアゾウ保護 ヨックドンの森の会代表

合同出版

■この本に出てくる国

北朝鮮
韓国
日本
中華人民共和国
ブータン
ネパール
インド
ラオス
ミャンマー
台湾
ベトナム
バングラデシュ
タイ
フィリピン
スリランカ
マレーシア
カンボジア
マレーシア
インドネシア
インドネシア

フエ
ダナン
タイ
ラオス
ベトナム
クイニョン
ヨックドンの森
カンボジア
バンメトート
ダラット
ホーチミン

この本を読むみなさまへ

みなさんはベトナムという国を知っていますか。

地図を見てください。九州、沖縄となぞっていき、台湾にわたってもっと南に下っていきます。日本、中国などの東アジアの南側にあるので、東南アジアにある国です。中国、ラオス、カンボジアと国境を接しています。国土は熱帯モンスーン、亜熱帯モンスーン気候で、一年中暑い国です。

いまから15年前の２００２年５月、私はベトナムの古都、フエ市を訪れたことがあります。フエ市の招待写真展に作品を出展したからです。写真展の合間に近郊の農村で少数民族の子どもたちを撮影していると突然、目の前を１頭のゾウが横切っていきました。あっという間の出来事でした。

私は突然現れたゾウに大変驚きました。それ以来、野生や人間に使役されているアジアゾウの姿を追いかけていますが、わかったことは少なく、わからないことの方が多いのです。

みなさんはゾウと言えば、大きな牙と耳、巨体でサバンナを群れで移動するアフリカゾウを想像すると思います。私もアフリカで地響きを立てて群れで移動するゾウの大群に何度も出くわしたことがあります。その迫力は相当なものです。

しかし、森にすむアジアのゾウとの出会いは牧歌的で、ゾウの首の上に乗り一緒に仕事をする農民の姿はユーモラスでさえありました。〝これは絵になる〟と、私は次の写真のテーマが決まったように思いました。アジアゾウを調べていくと、その大半の国で生息数が正確にはわかっておらず、ベトナムのゾウが絶滅寸前であることを知りました。

そこで２００９年4月、ベトナムやゾウが好きな仲間と一緒に「ベトナムのアジアゾウ保護 ヨックドンの森の会」を設立して、ゾウの保護活動に取り組むことになりました。私が69歳のときのことです。

「ヨックドンの森」というのは、ベトナムのダクラック省とダックノン省にまたがって、大半が国立公園になっている広大な森のことです。この国立公園周辺にはゾウと暮らす少数民族の人びとが生活しています。

この8年間のアジアゾウの保護活動を通して、ゾウや森林を保護しなくてはならない理由、ゾウとかかわって生きてきた少数民族の人びとの暮らしぶり、ゾウがすむ村の子どもたちとの交流、アジアゾウと日本との関係などたくさんのことを学びました。

みなさんが動物と人間のつき合い方、自然保護の大切さ、とりわけ絶滅の瀬戸際にあるアジアゾウの状況を知り、その保護に関心をもっていただく参考になればと、この本を書き上げました。
アジア人の私たちは、実は、あまりアジアのことを知りません。アジアゾウをテーマにしたこの本が、みなさんがアジアのことを知る一つのきっかけになれば、さらに大きな喜びです。

ベトナムのアジアゾウ保護 ヨックドンの森の会代表
新村洋子

もくじ

第5部　いま、地球上にいるゾウたちのこと……105

第1話　地球上に2属3種しかいないゾウ　川口幸男（エレファント・トーク代表）……106
第2話　インドゾウ　アーシャーとの出会い　横島雅一（上野動物園飼育展示課東園飼育展示係）……110
第3話　タイのゾウ　アティがやってきた日　乙津和歌（上野動物園飼育展示課東園飼育展示係）……114
第4話　東山動植物園にやってきたスリランカゾウ　橋川央（東山公園協会教育普及部長、前東山動物園長）……119
第5話　スマトラゾウのアスワタマとイダ　川上茂久（群馬サファリパーク園長）……123
第6話　ラオス人民民主共和国のゾウ事情　堀浩（NPO法人アジア野生動物研究センター代表）……126
第7話　子ゾウ結希とともに　坂本小百合（市原ぞうの国園長）……130

解説　地球上からゾウを失わないために　楠田哲士（岐阜大学応用生物科学部准教授・動物園生物学研究センター）……133
あとがきにかえて……137
資料　現地支援のあゆみ……140

第1部　アジアゾウとの出会い

第1話　ベトナムで出会ったまぼろしのアジアゾウ

そうだ！　少数民族の子どもたちを撮ろう

いまから15年前、ベトナムのフエ市で初の「フエフェスティバル２００２」というイベントが開かれ、私は招待写真展に「サパの秋」「フエの子どもたち」をテーマとした作品を出展していました。

10日間という短いようで長い滞在期間に退屈して、「そうだ！　少数民族の子どもたちの写真を撮ろう」と思いたち、ベトナムでも少数民族の人たちが多く住んでいる中部高原地帯の中心都市バンメトートに30人乗りのプロペラ機で飛びました。

ダナンから空路で高原の都市バンメトートまで、50分間、眼下は見わたすかぎりの熱帯のジャングルでした。縞(しま)模様に入り組んでいる農地はわずかで、森にはどんな木が生い茂っているのか興味がわきました。

バンメトートは人口約30万人のダクラック省の省都です。現地の旅行社で紹介されたホテルに宿泊しました。ホテルで日本語ガイドとドライバーを探してもらいましたが、日本語ガイドは見つかりません。やっと英語を話せるドライバーと車が見つかって、一安心しました。

翌日、朝食のときのことです。前日から大きな会議があったらしく、食堂は満員で、１人の青年が相席を求めてきました。彼は英語が話せました。私が青年に少数民族の子どもたちの写真が撮りたいのだが、どこに行ったらよいか、手がかりがほしいと話すと、青年が「ブオンドン」と読める地名を書いてくれました。ブオンはラオ語で村、ドンは島の意味でした。

朝食が終わると、ドライバーのコンさんとホテルを出発し、教えてもらったブオンドン村に向かいました。

まだ夜が明けきらないというのに、道の両側には少数民族の女性たちが自分の畑から採った野菜や果物、花などの収穫物を運んできて、敷物の上に並べて売っていました。朝市には、日本で見たことがない果物やお花が並んでいました。降りて買いたい気持ちに誘われましたが、そこは我慢して一路ブオンドン村を目指しました。

市街地を抜けると、森が途切れたところどころに小さな畑や田んぼが見えてきました。高床式の住居の集落が現れて、一目で少数民族の村だとわかる場所にきました。井戸端で水浴びをする女性、家畜にえさをやる女性の衣装の美しさに目を奪われました。家のベランダで遊ぶ少女たちを見つけました。

あっ、農園にゾウが

「あ、ここならよい写真が撮れそう」、と車を止めてもらいました。急いでシャッ

農園を横切ったゾウ

ターを切っていると、ファインダーの中に突然、ゾウが飛び込んできました。

「あっ、ゾウだ」

少女たちの背後にあった農園をゾウが横切ったのでした。あわてた私はドライバーのコンさんに「カメラバッグを取ってきて」と叫びましたが、間に合いません。手持ちの短いレンズで3枚撮っただけでゾウは視界から消えました。望遠レンズで撮れたらと悔しい思いをしました。

私は近くにいた女性に「いま、ゾウがいましたよね。どこへ行ったのでしょうか」と聞いたら、「そうですか、山へ帰ったんじゃないですか」「えっ、山ってどこですか?」

突然、目の前に現れてさっと姿を消

したゾウの姿がまぶたにこびりついていました。女性は「近くにゾウ使いの親方の家があるから、そこへ行って聞いてごらんなさい」と言って家を教えてくれました。親方の家に行きましたが、家には誰もいませんでした。ドライバーのコンさんが車でゾウが消えたあたりをあちこち探し回ってくれましたが、とうとう人家が消え、森につづく草原に出ましたが見つけることができませんでした。

ヨックドン国立公園で2頭の子ゾウと出会う

最初からコンさんは知っていたかどうかわかりませんが、気がつくと車はヨックドン国立公園のゲート前にいました。事務所でゾウがいるのかと聞くと職員の方が、ゾウを見たければ明日の朝早くいらっしゃい、と案内してくれました。

早朝、ゾウに会えると期待してヨックドン国立公園のゲートをくぐりました。ヨックドン国立公園の門から管理事務所までの道は未舗装でごつごつしていました。雨水が溜まってできたと思われる水溜まりでは牛が一頭悠々と水浴びをしていました。私はこの素朴さが大変気に入りました。

職員の出迎えを受け、ゾウ使いのイマさんを紹介されました。公園でのゾウ探しは、イマさんのバイクの後ろに乗ってするというのです。イマさんは30歳代後半くらいの少数民族の男性で、国立公園の職員とのことでした。

ヨックドン国立公園の美しい熱帯の森の細い道を15キロは進んだでしょうか、突然、

子ゾウのトンガンとトンカムとの出会い

頭上に青空が見える場所に出ました。少数民族の村人が国立公園になる前から耕作している田んぼで、ちょうど稲刈りの終わったときでした。

ゾウ使いのイマさんが「ここで待っていてください」と言い残して森の中に消えました。待つこと30分、イマさんがゾウの背に乗って現れました。大人のゾウの名前はイクーンでした。2頭の子ゾウを連れていました。大人のゾウの名前はイクーンでした。

このとき出会った2頭の子ゾウとは、その後長くつき合う縁で結ばれていますが、だいぶあとになってからこの子ゾウの名前が、トンガン（銀くん）、トンカム（金くん）ということを知りました。

私が近づいて子ゾウに触ろうとすると、「それ以上近づかないで」と止められました。子ゾウは野生のままなのでなにをするか予測がつかず、危険だからというのです。その日はそれだけでしたが、子ゾウは私をジッと見つめていました。子ゾウの目には私の姿がやきついたようです。それからというもの、私を警戒する様子は見られませんでした。

2頭のふるさとタイリン山へ

2頭の子ゾウが生まれたのはヨックドンの森ではありません。ヨックドンの森から400キロほど離れたビントゥアン省にあるタイリン山だと聞きました。「百聞は一見にしかず」です。私は子ゾウたちが生まれたその山の森へ行ってみたくなりました。

私がその森へ行きたいと言うと、ゾウ使いのイマさんや国立公園の職員の方が「そこへ行ってももうゾウはいませんよ」と言います。「ゾウはいなくても行きたいです」「もう森はないですよ」「森はなくても行きたいです」という押し問答でした。とにかく、山の森でなにが起こったか、2頭の子ゾウがヨックドン国立公園にきた理由を知るためには現地へ行くしかないと思ったのです。

翌日、コンさんの運転で公園のガイドに同行してもらってタイリン山に向かいました。朝の8時にヨックドン国立公園を出発して7時間、約400キロの道のりを車を走らせて午後3時にタイリン山のふもとに着きました。

タイリン山の周辺には人家はなく、見晴らしのよい丘陵地でした。一面がキャッサ

ゾウの森の痕跡

バとバナナで、よく手入れされた畑になっていました。ベトナム戦争で家や職場を失った人びとがこの山に移住して開拓した土地でした。畑ではキャッサバの収穫作業をしていました。
　森だった痕跡を探し回ると、直径40センチ以上はある切り株が至る所に残っていました。森を焼き払ったあとに残った灰が切り株の周りに残っていました。さらに森があったことを証明するものがありました。1メートルほどの川幅でしたが、いまさっき、森の中から流れ出たようにきれいに澄んだ小川でした。
　突然、目の前に巨大な岩が現れました。「あ、これぞゾウがすんでいた森の痕跡だ」と一瞬思いました。大岩をとりかこむように数本の大木が残って

開墾されたゾウの森にすむ開拓民の親子

いました。この巨岩だけは取り除くことができなかったようでした。

　私の目の前に幻影が現れました。この巨岩をはさんで山にすむ野生ゾウとゾウ使いが操るゾウが戦って、山のゾウが負けて公園に連行されるシーンでした。山のゾウと人間に飼いならされたゾウの物語がくり広げられました。

　でも、あとになってイマさんに聞いたら「そんなことはしてないよ。麻酔銃で眠らされたゾウたちをトラックまで運ぶ仕事をしただけだよ」と一言で否定されてしまいました。山の森を見たことで、山の森のゾウが消えてしまった状況がおぼろげに見えてきました。

タイリン山の森から連れてこられたゾウたち

私がヨックドン国立公園を訪れた前年の２００１年のことです。タイリン山では野生ゾウたちが畑に現れ、畑を守ろうとした村人と衝突する事件がありました。それも8月と10月の2回にわたって起こったのです。その事件で、村人21人が死亡するという痛ましい事故になりました。ゾウの事情からすると森の木が切り倒され、畑に変わってすみ処(か)を失ったことが原因のようでした。

この事件を知ったダクラック省政府は野生ゾウを捕獲して、まだ野生ゾウが生息しているヨックドン国立公園に移住させる決定を下しました。この捕獲作業には、８人のマレーシアからの技術者、ベトナム人の作業員22人、ヨックドン国立公園の家ゾウ（使役ゾウ）３頭、ゾウ使い３人が動員されました。

この捕獲隊の中にゾウ使いのイマさんもいたのです。捕獲作業の様子は現地からテレビ中継され、ベトナム全土に放映されたそうです。私のダンバウ（ベトナムの一弦琴）の師匠である篠みどりさんは、このテレビ放送を留学中のホーチミン市でご覧になったそうです。どんな記録映画よりどんなドラマよりも興味深いドキュメントだったとおっしゃっていました。

山で発見されたゾウは9頭、１頭は隣の山に逃げ、２頭が麻酔銃の事故が原因で死亡、６頭が捕獲されトラックで約４００キロ離れたヨックドン国立公園に移送されました。

この6頭のその後ですが、4頭はすぐヨックドンの森の奥深く姿を消しましたが、2頭の子ゾウは群れから離れ、村人の畑に迷い出てしまいました。私の想像ですが、麻酔銃が原因で死亡した2頭が子ゾウたちの母親だったのではないかと思っています。

2頭の子ゾウは、森から出て村人の畑でトウモロコシを食べているところを村人に発見されました。村人から知らせを受けてイマさんが迎えに行き、2頭はヨックドン国立公園に戻りました。

2頭の子ゾウをどうするかダクラック省政府の方針が決まらず、その間にゾウ使いさんたちがひそかにトンガンとトンカムと名づけてかわいがっていたのです。

子ゾウは、2頭ともオスゾウです。いつ密猟者に牙を狙われて殺されてしまうかわかりません。しかし、密猟の恐れがあるからといって、野生ゾウを保護下におくにはクリアしなければならないさまざまな難関があります。そんな悲しい物語が進行しているときに、私はトンガンとトンカムに出会ったのでした。

野生ゾウに会いに行く森でのキャンプ

トンガンとトンカムの話を聞くと、無性に野生ゾウたちに会いたいという気持ちがつのりました。ハノイ動物園の園長チュック氏に相談したところ、私が熱帯林での過酷なキャンプに耐えられるかどうかチェックした上で、ヨックドン国立公園ユン園長から野生ゾウ探しの許可を得てくださいました。

２００４年３月、ヨックドンの森の中に入って、野生ゾウに会いに行くことになりました。国立公園の職員の方たちが装備を整えてくださいました。テント２張り、土の上に敷くゴザとビニールシート、布団と毛布、飲料水のタンク、自炊用具と食料、懐中電灯と斧などです。

たくさんの物資をゾウ使いイムさんとゾウのブンカムに託しました。イムさんはまだ積み込むものがあるからと先に出発し、５キロほど離れた分岐点で合流することになりました。私は分岐点まで歩いていきましたが、イムさんとブンカムは現れませんでした。なにか突発的なことが起きたのだろうと思い、決められていた野営地までおよそ16キロを歩き通しました。道は小型自動車が通れる整備された道でしたが、途中森林管理の農民３人の自転車隊に会った以外は誰にも会いませんでした。

途中、中小の川は干上がり、林は完全に枯れていました。農民に分担管理させている林は、焼き払ったのか自然発火なのか、すっかり落葉はなくなっていて、灰の下からピンクや黄色のフヨウに似た花が咲いていていました。

森林地帯を抜けて疎林地帯に出ると直射日光が肌を刺し、汗と砂ぼこりで化粧が流れ、顔はひどいことになりました。やっとの思いで野営地にたどり着きました。行く手はセレポック川の支流、ダッケン川で遮られています。乾季でありながら葉をつけた高木の下は涼しく、生き返る思いでした。

私が冷たい水を飲んでいる間にブンカムに乗ったイムさんが到着しました。イムさんは休むまもなくブンカムの背から荷物を下ろしはじめ、２人の男性が手伝いました。イムさんはブンカムを水場へ連れていき背中から足までくまなく洗い、自分も一緒に腰まで浸かって水浴びしていましたが、面倒見のよさには感服しました。ブンカムは、もうすぐ35歳になるメスゾウです。村のどのゾウ使いにも馴れない暴れゾウで、飼い主が６人も代わり、10歳のときイムさんのところにやってきましたが、イムさんが調教に成功して以降は、ゾウ使いなら誰でも乗れるようになったということでした。

イムさんのゾウの扱い方を観察していると、手鉤（てかぎ）が他の人のものとは違っています。手鉤は人それぞれ形が少しずつ違いますが、共通しているのは手鉤の先が尖っていて、その鋭い先でゾウの急所を突き、言うことを聞かせるのです。でも、イムさんの手鉤の先にはピンポン球くらいの鉄の玉がついていました。ですから、手鉤の先が皮膚に突き刺さることはありません。イムさんは手鉤さえもたずにゾウに乗っていることもありました。その鉄の玉がついた手鉤は私の家にあります。イムさんから「また、作るからあげる」と記念にいただいたものです。

半日のイムさんの献身的とも言えるブンカムに対する世話ぶりを見ていると、ゾウはゾウ使いの愛情に応えているのだと感じ入りました。私たちがおやつで一服していてもイムさんは加わりません。かいがいしくブンカムの寝場所作りをしていました。

私たちが夕飯を食べはじめる頃、イムさんは両手に葉っぱをたくさん抱えて現れました。夕飯のメニューを知っていたのでしょう。その木の葉で塩コショウして焼いた豚肉を包むと見事な香りを発し、豚肉の臭み抜きのハーブとなりました。

熱帯の森が闇に覆われ、指先さえ見えない漆黒の闇になりましたが、焚き火が燃え続け、不安はありませんでした。天窓から見上げた天空にはすばらしい星空がありました。

朝、大変な騒々しさで目を覚ましました。さまざまな鳥の声が熱帯の森から聞こえてきました。姿は見えず、鳥についてなんの知識もない私は、ただひたすら鳴き声を片仮名で書きとりました。

アイリッシュ　アイリッシュ／スピヨ　ピヨ　ピヨ／ケーン　ケーン／フィヨ
フィヨ　フィヨ／フィーヨーピーヨー／チヨチヨ／フィホー　フィーホーフィー
／チョッチョ／ケヨーケヨー／フォーロロロロ／ピーポロピーポロ／フォコー
フォコー／フォッケ　キョケキョ／キッケーローン　キッケーローン

30種類ほど書きつけて根がつきました。ヨックドン国立公園のユン園長にお聞きしたらヨックドンの森では最大３５１種の鳥が確認されたが、いまはだいぶ減っているという話でした。

朝食後、コーヒーを飲んでいるとイムさんが「お母さん、野生ゾウの足跡を見つけたよ。まだ新しい。夕べから今朝の間に通ったらしい」と知らせにきました。一緒に水辺の湿地帯に行くと、足跡は乱れていて、2、3頭の群れだろうとイムさんは言っていました。

昨夜使ったテントや寝具などすべての荷物を振り分けにしてブンカムの鞍の下に載せ、イムさんはブンカムの首の上に、私と通訳が鞍（くら）に乗り、ガイドが尻のあたりにまたがって野生ゾウを探しに森に入りました。

干上がったダッケン川に沿って進みました。水は流れていませんでしたが、川底まではゾウの背が隠れてしまうほどの深さがあり、雨季のときの水量の多さが想像できました。両岸には扇を広げたような幅の広い笹が生い茂り、とても雨季の森とは思えません。ハノイ動物園のチュック園長が言っておられた「ヨックドンの森には乾季の森と雨季の森が同時にあるのでゾウたちはカンボジアの森に移動しなくてもいいんだよ」という意味がよくわかりました。

私たちの侵入に気づいた野生ゾウがどこかでじっとこちらを見ているような気配を感じながら静かに進みました。足元を見ると、深い窪（くぼ）みに残った水の中に二枚貝が、別の水溜（た）まりには小魚が元気に泳いでいました。このようにして雨季になるまでしたたかに生きている生き物たちの姿に感動しました。

何時間もゾウの鞍に乗っているうと、鉄製の鞍にはゴザが敷いてあるもののお尻が痛くなり、一刻も早く地面に降りたくなりましたが、森の中にゾウの背の高さから安全に乗り移れる安定した場所がありませんでした。我慢に我慢を重ねてやっとたどり着いたのが灌漑用水路のほとりでした。斜面を利用してぴょんと飛び降り、ようやく地面に立つことができました。

イムさんは「雨季のときはこの辺に野生ゾウがよくいるんだけどなあ」と残念がっていましたが、ついに野生ゾウに会うことはかないませんでした。熱帯の川原で出会った印象的な生き物は、ちょうど実をつけた野生のフウセンカズラの群落と胴体も羽も真っ赤なナンヨウベッコウトンボでした。

イムさんはブンカムの積み荷を下ろし、早速ブンカムの水浴びです。灌漑用水には白いハスの花が咲き乱れ、花の少ない乾季の森を見事に彩っていました。

トレッキングを準備してくださった国立公園のスタッフのみなさんに感謝しつつ、野生ゾウに会うためには時期の選定、場所の選定、長期間の滞在の覚悟で臨まなくてはならないと反省しました。ハノイ動物園のチュック園長は、かつて研究者としてヨックドン国立公園に1週間滞在し、実際に野生ゾウを見たのは高い木の上からだったとおっしゃっていたのを思い出しました。

「簡単に人に見つからないように奥深い森の中で元気に生きてね」との思いも強くした、野生ゾウたちに会いに行く1泊キャンプでした。

第2話　子ゾウ・トンガンとトンカムとの15年間

私は母を失った2頭の子ゾウのことが気がかりで、２００2年に出会ってから、ヨックドン国立公園をたびたび訪れました。やがて、この野生の子ゾウは調教されてヨックドン国立公園で暮らすことが決まり、2頭は晴れてトンガン、トンカムと呼ばれるようになりました。2頭は体格もよく似ていて外見からは区別がつきませんが、トンガンは性格が穏やかです。私がカメラを向けると心得ていて、鼻を上げてポーズをとってくれます。トンカムは動作が活発、やんちゃ坊主です。私と目が合うと一目散に走って姿を消します。

あるとき急な斜面で2頭と出会ったことがありました。ゾウ使いさんが2頭を平坦な川岸に誘導すると、おとなしいトンガンは、イマさんに体を寄せて斜面を前にもじもじしていました。やんちゃ坊主のトンカムは、前足を立てて後ろ足を折って斜面をすごい勢いで滑り降りていきました。私はあとを追いましたが、姿を見失ってしまいました。帰り道、ふと見上げた高い茂みの中から私を見送ってくれるトンカムを発見しました。まるでかくれんぼに勝って喜んでいるような姿でした。

調教中

調教を終えて休憩中

サーカスに貸し出されたやんちゃなトンカム

ところが、あるときからトンカムに会えなくなりました。ハノイのサーカスに2年間貸し出すことにしたというのです。私は驚きのあまりユン園長に立場もわきまえずくってかかりました。「サーカスでトンカムが病気にでもなったら、死んでしまったらどうするんですか！」と抗議する私に、ユン園長は「いや立派なゾウになって帰ってきてくれると思います」と言われました。どうやら国立公園の上層部ではサーカスに預けて曲芸や踊りを身につけさせて観光用にトンカムを使おうと考えたようでした。

しかし、そこは賢いトンカムのこと、不適応を起こして病気ということで契約を1年残して帰ってきました。私やゾウ使いさんたちは大喜び、トンカムを大歓迎しました。やはりトンカムは雄大な大自然ヨックドンの森に帰りたかったのだと思います。

帰ってきたトンカムはやせ細り、すっかり人嫌いになっていました。ヨックドンの森に帰ってくるとすぐに、森深く入り込み私たちの前には姿を見せなくなりました。ゾウ使いさんたちは面白がって「音楽をかけると踊りだすんですよ」と言います。私はこの雄大な大自然の中で騒がしい音楽は似合わないと、踊りを見るのを断りました。

そんな中、当時6頭いた《家ゾウ（人間に飼われているゾウ）》のリーダーであったイクーンが、森の中に姿を消したトンカムのところを度々訪れていたようでした。イクーンは母親を亡くしたトンカムのことが心配でならないのか、母親代わりにトン

20歳になったトンガン（左）とトンカム（右）

ゾウに乗る子どもたち

カムの面倒を見ていたようでした。その甲斐あってか、サーカスから帰ってきて2、3カ月後、イクーンに連れられてトンカムは私たちの前に姿を現しました。

２００９年、神戸の獣医師夫妻など友人たち6人でヨックドン国立公園を訪れたときのことでした。ゾウに乗って森の中をトレッキングしていると突然、イクーンが目の前に現れました。突然のことでなにが起きたのかと驚きましたが、ゾウ使いのイシェーンさんの話によるとトンカムが近くにいることを察知したイクーンが、つながれていた鎖を振り切ってトンカムに会いにきたのだそうです。ゾウの関係は実の親子でなくても深い愛情で結ばれていることを知ることができました。

その後、私たちがトレッキングを終えてゾウ使いさんたちと談笑しているときまたイクーンがトンカムに会いにやってきたのです。そのときは一足にしばられている前足はそのまま泳ぐような姿勢で手前のブッシュを飛び越えて、つながれた鎖はそのまま引きずってきたのです。その姿を見て涙した者もいました。

トンカムの気配を感じ鎖を切って会いにきたイクーン

第3話　傷つけられる野生ゾウたち

治療が済んで群れに戻った子ゾウ

ベトナム国内でも大がかりで悲惨な密猟が報告される中、幸いなことにここヨックドン国立公園では最近10年ほどの間に象牙のための密猟が1件あっただけでした。ただし、子ゾウが瀕死の状態で発見される事件が起こっています。あとで紹介する「ダクラック省ゾウ保護センター」が２０１１年に設立されたことで、いずれのケースでも子ゾウたちは一命を取りとめています。

２０１３年5月7日のことです。ベトナム人民軍の兵士が罠にかかった子ゾウを発見したとヨックドン国立公園に連絡がありました。村人が仕かけた罠（トラバサミ）にかかっていたのでした。公園の事務所に連絡が入ると、タイン園長はすぐ、ホーチミン動物園に「獣医師３名を至急派遣してほしい」と電話で要請しました。

一方で、園長は友人でアメリカのデンバー動物園の獣医師にケガの様子を写真に撮って送り、治療方法を問い合わせました。友人の獣医師は「地元の獣医師で十分対応できる」と判断した上で、治療方法や使用する薬剤を指示してくれました。

子ゾウが発見された場所は国立公園の外でした。職員がその場に駆けつけましたが、すでに子ゾウは自力で罠から足をはずして姿を消していました。この子ゾウを追って、20名の公園職員などが森の中を探し回りました。1週間後、最初の発見場所から250キロも離れた、カンボジア国境まで7キロの地点で発見しました。そのときの子ゾウの状態は、足の爪が剥がれて腫れ上がり、鼻は真横に半分くらいまで切れていて、自分では食べ物が口に入れられない状態でした。子ゾウは鳴き通しで、人に体を触れさせようとしません。2頭の家ゾウが子ゾウを両脇からはさんで支え、獣医師が家ゾウの背に乗って治療したそうです。

傷が治って、森に帰すまでに17日間かかったといいます。治療の場所を離れるとき、子ゾウは、立ち止まっては振り返り、立ち止まっては振り返りをしながら森に消えていったそうです。治療にあたったスタッフは心配のあまり、子ゾウを森に帰してからもその場所にとどまっていましたが、4日目に15頭の群れがそ

ゾウの治療をする職員

回復はしたもののまだ４本足で地面に足をつけない子ゾウ

の場に現れ、その中にその子ゾウがいて、元気そうだったので安心したとのことでした。

この治療にかかった費用が約７０００ドル（日本円で約77万円）、ベトナムでは大きな出費で、国立公園の次年度予算を前倒しして賄ったようです。この子ゾウ救出作戦は、農業開発省から評価され、国立公園や少数民族の伝統的な方法で野生ゾウを発見、保護したイマさんも表彰されています。ヨックドン国立公園の園長は、すべてをベトナム人の力で成し遂げたことを喜び、私たち「ヨックドンの森の会」にも受賞の喜びを伝えてくれました。

自力で罠をはずしていた子ゾウ

２０１５年2月18日のことです。村

人の仕かけた小動物を捕らえる罠にかかってしまった5歳くらいのメスゾウがいました。この子ゾウはとても賢く、自力で罠から脱出し、森に放されていた家ゾウ、カムオンのあとを追って国立公園にやってきました。子ゾウの左前足の爪は全部剥がれ、傷が化膿して腫れてしまいました。鼻も罠で大ケガをしていて、水を飲むのに苦労していました。

この時点ではダクラック省ゾウ保護センターは発足していましたが、重症に対応できる熟練の獣医師が保護センターにはいないため、センターの職員がFacebookでSOSを出したところ、タイに滞在していたオランダ人獣医師3名が駆けつけ、治療にあたってくれました。足のケガは重症で私が会った治療から7カ月の時点でも、左足を地面につくことができず、3本足で歩いている状態でした。

トンガン、密猟者に牙を切断される

5歳のメスゾウの事件が一段落した7月13日夜、今度はトンガンが牙を切られる事件が起きました。もうトンカムとトンガンは、20歳になっていました。アジアゾウの歳というのは人間と大体同じなので、もう立派な大人で、牙も立派に成長していました。

朝、牙の付け根から3分の2のところをのこぎりで切りつけられたトンガンが、森で発見されたのです。傷痕（きずあと）から流血していました。牙といっても内部には血液が流れているのです。このままにしておくと感染症の危険があると判断した獣医師たちは牙

トンガンの牙整形処理中

を切断することにしました。

ベトナムのゾウの密猟もゾウの牙を目的にしています。アフリカゾウの取り締まりが厳しくなり、輸出入の港での規制の強化もあって、密猟の矛先がアジアゾウにも及んできたのでしょう。憂うべきことです。

牙を1本途中から失うという災難に遭ったトンガンでしたが、私たちに以前と変わりなく接してくれました。トンガンの事件は大事にいたらなかったものの、国立公園の警備体制の強化が迫られました。私たちも緊急支援の必要を感じました。

その後、「ヨックドンの森の会」から差し上げたわずかなトンガンへの見舞金で、フェンスで囲った立派な農園が作られ、職員の手で乾季のえさになるバナナやサトウキビが栽培されているのを見て、職員たちの心配りに熱いものがこみ上げてきました。

続いて起きた子ゾウたちの事件に、私たち「ヨックドンの森の会」も獣医師の育成事業の一端を担うことになりました。日本のＡＷＲＣ（アジア野生動物研究センター、堀浩所長）主催でタイのマヒドン大学で開催された合宿セミナー「野生動物の管理および自然保全のための基礎研修コース」（２０１６年３月開催）にヨックドン国立公園の職員１名を参加させることができました。

古井戸に転落した子ゾウ

２０１７年4月26日、ダクラック省ゾウ保護センターを訪れたときのことです。放飼場で元気に走り回る子ゾウがいました。私は、新入りの子ゾウに見おぼえがなく、「この子ゾウは？」と職員に尋ねました。

１年ほど前のことで、私たちが第11回の「ゾウ祭りツアー」から帰った直後、子ゾウが古井戸に落ちているとの知らせがゾウ保護センターに入り、保護されたゾウだそうです。職員が駆けつけて救出したときは、ひどく衰弱していて助からないかもと心配されたそうです。まだ母乳を飲んでいる月齢のゾウでした。ベトナムではゾウ用のミルクが手に入らないので人間の赤ちゃん用の粉ミルクを与えるとぐんぐん飲んで元気になったそうです。

私たちがこの子ゾウと出会ったときは、古井戸から救出されて約1年後、すでに1歳4カ月になっていました。元気で水浴びをしたり走り回っていました。なにより驚

古井戸に落ちて救出された子ゾウ

いたのは、バナナやサトウキビなどの固形物を食べていたことです。

　職員が子ゾウを森に返そうと試みるのですが、すぐセンターに帰ってきてしまうと嘆いていました。職員が放飼場の鍵をかけ忘れたとき、子ゾウは森には向かわず職員の寝室に入っていたそうです。人間を仲間だと思っているようですが、職員たちは諦めないで森に返す訓練をすると言っていました。

第4話　ヨックドン国立公園の野生ゾウは危機に瀕している

ドー・クゥアン・トゥン（ヨックドン国立公園園長）

ヨックドン国立公園はダクラック省とダックノン省にまたがっています。1992年に設立、面積約115・5ヘクタール（日本の佐渡島の約1・35倍）、ベトナム第2の広さをもつ国立公園です。保安林には854種以上の植物が生えていて、特有の生態系を保っています。また、489種の動物、300種以上の鳥類も確認されています。また、ゾウや有蹄類、貴重な薬になるさまざまな樹木、絶滅に瀕している固有種の動植物も多数確認されています。

「ヨックドンの森」は主にフタバガキからなる典型的な森林形態を形成しています。乾季と雨季があり、雨季にはゾウの食料になる植物が繁茂します。また、水量に恵まれたセレポック川や多くの支流があり、植物と水に恵まれた「ヨックドンの森」は野生ゾウが生息するのにとても適した地域です。

ゾウはその大きな体を維持するために、1頭で毎日200キロの食べ物を必要とします。葉、茎、つる、穂先、根などの各部位を食べますが、アジアゾウがもっとも好むのはタケノコです。えのき草、豆科広葉樹の樹皮などを食べ、ときには薬用植物の樹皮や種などを食べていると報告されています。そういった食べ物を採るために牙で樹皮をはいだり、鼻で根ごと引き抜いたりします。

ゾウは他の動物とは異なり、胃に消化機能がないため、食物は歯で噛み砕く必要があり、消化管内にいる微生物によって分解されます。外から観察するのは困難ですが、ゾウは奥歯で食べ物をすり潰して食べています。毎日多くの食べ物を噛み砕くため、歯が磨耗(まもう)するスピードが早く、磨耗すると下から新しい歯が出てきて古い歯を前に押し出します。ゾウの寿命は約55~60年とされていますが、歯は一生に６回生え替わります。

「ヨックドンの森」では毎年7月~2月にかけて、少ない年では3~5頭、多い年では60頭以上のゾウが森林保安官によって目撃されています。２０１７年の1月６日の午後、職員が何日も観察を続け、国立公園の４３７地区という場所で、子ゾウを含む17~20頭の群れをビデオと写真で撮影することに成功しました。この映像記録は野生ゾウの生息数と生態を知る上で貴重なデータです。

乾季はえさの少ない時期で、ゾウの移動範囲が拡大し、そのため人家の周辺にも出没して人が襲われることもあります。ゾウがその行動範囲をめまぐるしく変え、森を管理する職員にとっては気の休まらない時期で、職員はその対応に追われます。

ベトナムのゾウは絶滅の危機に瀕しています。ゾウの群れは小集団化して最大でも10~20頭になっています。適切な保護を早急に実施しないと、あと5~6年で絶滅する恐れがあります。農業農村開発省は「２０２０年までのゾウの保護と象牙取引根絶

森林保安官たち

に関するプロジェクト」を承認しましたが、これには500億ドン（約2億円）の費用が必要になります。

現在、ヨックドン国立公園ではWWF（世界自然保護基金）と協力し、次のような活動を実施しています。

・現場での監視作業に関する訓練
・監視カメラの使用および生物学的多様性監視に関する訓練
・監視カメラ8台の設置支援

国の内外からの支援協力を求めて迅速な保護政策を取らなければならないと考えています。

第5話　「ヨックドンの森の会」とゾウ保護センター

「ヨックドンの森の会」は２００９年４月、ベトナムとゾウを愛するメンバーを中心に東京都杉並区で設立されました。ベトナムのダクラック省とダックノン省にまたがる「ヨックドン国立公園」のアジアゾウを保護することを目的にした会で、２００９年10月には、手はじめにヨックドン国立公園のゾウや他の動物たちの動きを記録するためにアメリカ製の自動撮影カメラ２台を寄贈しました。

以後、年１回の頻度で訪れるたびにコンパクトデジタルカメラを２台ずつ届け、ゾウや森の自然を記録していただきデータを日本に送ってもらうようにしました。

私たちのささやかな支援活動に触発されたのか、２０１１年３月にはダクラック省に「ダクラック省ゾウ保護センター」が設立され、ベトナムのゾウの調査、保護活動を開始しています。バンメトート市のヨックドン国立公園のゲストハウスの中に「ゾウ保護センター」の事務所が置かれました。

２０１１年、ゾウ保護センターは、ヨックドン国立公園と地元バンメトート市にあるタイグェン総合大学と共同研究・調査チームを組織してヨックドン国立公園と周辺地域の広範な現地調査を行っています。その詳細な報告書に、ゾウの保護のための施

タイグェン大学リー教授（左）とダクラック省ゾウ保護センター所長

策が提言され、予算概要もつけて政府に提出されました。

初年度は予算措置こそ要求通りには実現しませんでしたが、所長以下5名の職員の配置が正式に認められました。これはベトナム政府が、アジアゾウとヨックドンの森の保護活動に目を向けた画期的な出来事でした。

2017年には、ゾウ保護センターの職員は14名になり、ダックミン湖畔には治療施設も備えたゾウの放飼場が建設されました。ベトナム国内の「家ゾウ」（人間に飼われているゾウ）を保護センターでは定期的に健康チェック、病気の治療にあたっています。最近では森で保護された野生の子ゾウの治療が増えています。

アジアゾウの保護では、タイが先進

国です。ゾウは国有財産で、子ゾウが生まれるとその年に高校を卒業した18歳の青年の中から専任の世話係が選ばれます。その青年は国家公務員として雇われその生まれたゾウに寄り添って一生面倒をみています。

ゾウは国有財産ですから、ゾウのケガや病気に際しては国がすべての治療費を負担しています。タイはゾウに対する優れた歴史があるので、そのまま比較することはできないでしょうが、ゾウ保護の先進国タイの政策から学ぶことはたくさんあります。

ヨックドン国立公園園長の「ベトナムのゾウは絶滅の危機に瀕し、適切な保護を早急に実施しないと、あと5～6年で絶滅する恐れがある」という報告に接して、「ついに非常事態宣言が出された」と私は思いました。しかし、まだ打つ手はあります。国外に目を向ければ絶滅寸前のアメリカのアメリカバイソンの復活、一旦は絶滅したアラビアオリックスの復活などの例があるように、まだ希望を捨てることはありません。私はベトナム政府と海外の支援団体に呼びかけてベトナムのアジアゾウの保護活動を進めたいと思います。

第2部　アジアのゾウはいまどこに？

第1話 学術調査がはじまった ヨックドン国立公園のゾウの生態

よく友人たちから、「新村さん、ベトナム戦争では人間だけでなく、ゾウもたくさん殺されたことでしょうね」「ベトナム戦争の以前にはいまよりたくさんのゾウがいたんでしょう」と質問されるのですが、それに答える明確な資料をもち合わせていません。ベトナムのゾウに関する全体的で正確な記録はほとんどないと言っても過言ではありません。

最近では、作家のバオ・ヒュイ氏が２００９年に組織した調査団による報告があります。ヨックドン国立公園のゾウの調査をしたもので、調査結果によると55～63頭が７つの群れに分かれて公園内に生息していたとされています。

また、最近のヨックドン国立公園職員による観察記録では50～80頭が４つの群れを作っているとされています。一方、住民への聞き取り調査、定期的な定点観察と現地調査、森林保安官詰所の記録によれば、公園内には60～80頭のゾウが群れや個体で生息しているとの報告もあります（45ページ図参照）。

これらの調査の数値は断片的な情報を寄せ集めたもので、推測値にすぎません。これまでに公園内のすべての地点を網羅（もうら）したゾウの生息に関する包括的な学術調査は実

■ヨックドン国立公園の職員によるスマート・システムのゾウ出没記録(2015年6月〜2016年8月)

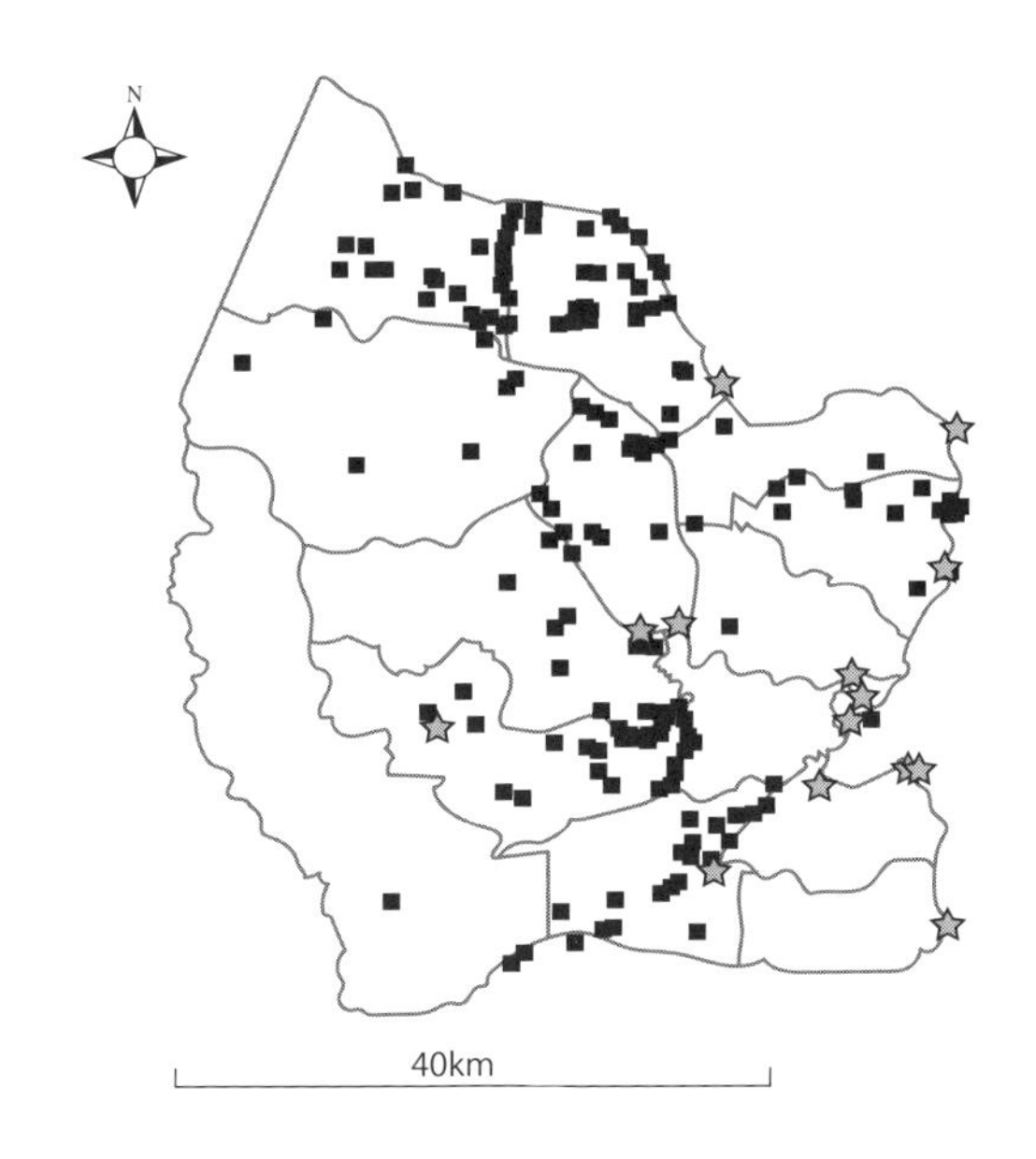

施されたことがないのです。

ヨックドン国立公園は野生のアジアゾウの保護と繁殖が可能なベトナムで唯一の場所だと考えられており、近年ではカンボジアとも連携してゾウの保護活動が実施されていますが、技術的な問題や予算の制限によってゾウの保護には欠かせない正確な個体数や群れの状況は把握できていないのが現状です。

群れは雌雄、老若のゾウで構成されていて季節によって森を移動しながら暮らしています。個々の生息域や食料が足りているかを緊急に調査しなければならないのです。

第2話　1950年代のベトナムのゾウ『黒いゾウの群れ』のお話

ベトナムのゾウの記録を探していたとき、『黒いゾウの群れ』という子ども向けの物語に出会いました。『黒いゾウの群れ』の存在を知ったのは、坪井善明氏編著の『暮らしがわかるアジア読本——ヴェトナム』（河出書房新社、1995年）の冒頭の文章からでした。私はこの『黒いゾウの群れ』と作者ブー・フン氏（1931年生まれ）に会ってみたくなりました。坪井氏にお尋ねしましたが、『黒いゾウの群れ』はもう手許にはないとのことでした。息子がホーチミン市に住んでいたので図書館をあたってもらったものの、ブー・フンさんの他の作品はありましたが『黒いゾウの群れ』を確認することはできませんでした。

『黒いゾウの群れ』（ハノイヴァンホア出版社）

そうこうしているうちに知人がベトナム旅行でハノイ動物園にも行くということを知り、『黒いゾウの群れ』を探してくれるよう依頼しました。友人がハノイ動物園長のチュック氏に話したところ「たやすいことですよ」とおっしゃり、ハノイ国家図書館から借り出し、コピーをとって知人に託してくださったのです。私は天にも昇る気持ちでコピーを受け取り、ベトナムからの留学生たちに全18話を翻訳してもらいました。

この本はブー・フンさんが抗仏戦争中（ベトナムがフランスと戦い独立を勝ち取った戦争。1946〜1954年）、通信兵として従軍し、ラオス国境付近で3年間を過ごし、そのとき見聞きした体験を子ども向けの絵本にしたものでした。1950年代のベトナムの森にすんでいたゾウたちの生き生きとした実態が書かれていました。

ブー・フンさん夫婦

ハノイ動物園の園長にブー・フンさんの居所をお尋ねしましたが、「現在ベトナム作家同盟に属していないから消息がわからない。多分パリに住んでおられると思う」とのことでした。パリに行かなければならない、大変なことになった、と思っていました。

ところが思わぬ朗報が入りました。ベトナム文学の翻訳者の加藤栄さんの講演をお聞きした際、ブー・フンさんの消息を知りたいと加藤さんにお話すると、「パリのベトナム人社会はそんなに広くはないからわかるでしょう」と、おっしゃってくださったのです。

ほどなく加藤さんからお手紙をいただき、ブー・フンさんと連絡がとれ、姪御さんが東京の稲城市に住んでいるから連絡をとるようにとの返事をいただいたというのです。

ブー・フンさんとハノイでお会いする

さっそく、加藤さんと私は、樋口ホアさんのお宅に伺いました。夫の樋口徹さんが加藤栄さんの大学の教え子だったことがわかり、私たちの距離が一気に近づきました。その折、パリからブー・フンさんが近々一時帰国し、樋口さん一家もそれに合わせてハノイに行くと聞きました。そして、私もその旅に同行させてくださることになりました。ハノイでレストランを借り切っての一族のパーティーは盛会で、ブー・フンさんは大変お幸せそうでした。

角笛を吹くドン村の長老アマコンさん

次の日、親族のお

屋敷でブー・フンさんからたくさんのお話を伺うことができました。ブー・フンさんは、背の高いハンサムな好男子で柔和な表情からはベトナム戦争を生き抜いてきたとの印象は感じられません。80歳代半ばをすぎた方とは思えない確かな記憶と、変わらないご自分の信念をはっきりと述べられる方でした。彼の著作の中で、先年104歳で亡くなったドン村の長老アマコンさんに会ったことが書いてあったのでお互いの友人としてお話を伺いたかったのですが、これから『黒いゾウの群れ』の挿絵を描かれたグエンビックさんの家を訪ねるとおっしゃるのでお聞きすることができませんでした。ブー・フンさんより年上のグエンビックさんはお元気で、お2人との話の中で『黒いゾウの群れ』の日本での翻訳、出版権をいただくことができました。では、『黒いゾウの群れ』から3つのお話を紹介しましょう。

『黒いゾウの群れ』の3つの物語

第1話　尾根の道

チュオンソン山脈は東西南北に伸びています。森を貫いて長い道が走っていますが、ところどころ車が走れるほどの広い道もあります。これらの道は大きな足跡によって踏み固められたもので、でこぼこ道です。おそらく人間が作ったものではないでしょう。いったい誰が作ったのでしょうか。もしかしたらゾウたちが作ったの？

チュオンソン山脈にはたくさんのゾウがいます。それでゾウの国と言われています。また、山脈の西側にあるラオスという国は、「100万頭のゾウの国」とも言われていました。ここのゾウは、小さい群れでは5、6頭大きい群れでは数十頭で暮らしています。チュオンソン山脈で生まれ育ったゾウは黒いゾウの群れです。灰色のゾウの群れは、そもそもビルマやインドからやってきたゾウの子孫で、黒いゾウより大きな体をしています。

雨季の間、灰色ゾウの群れはチュオンソン山脈を歩き回り、乾季になると、山には食べ物が少なくなるのでラオ・バクのメコン川を泳いでわたり、隣の国に移動していきます。ゾウの群れは、たくさんの葉っぱを食べるので、あっちこっち放浪の生活をしています。彼らはずっと同じ場所にはいられません。葉っぱが生い茂るところを探して歩き続けるのです。

チュオンソン山脈の西部では3～4月にかけて雨季がはじまります。5月、6月になると東部でも雨季がはじまり、そして北部から南部と雨は移動していきます。雨が降ると草や木の葉がどんどん出てきます。ゾウたちは食べ物がたくさんある場所で快適な時間を過ごし、乾季の食べ物不足を補います。ゾウの群れは、雨が降る場所を求めて移動します。それが彼らの習性なのです。

第3話　かぎりない母性愛

しっぽはゾウの体の一番後ろについています。ゾウのしっぽの先には黒い硬い毛がついています。このしっぽは、お尻の周りに飛びかう虫を追い払う役目をしています。鼻では届かないからです。しっぽのないゾウって、なんと奇妙な姿でしょう。

でも、チュオンソン山脈の黒いゾウの群れの中には何頭もしっぽのないゾウがいます。しっぽが失われた出来事をたどっていくと、人間にしかないと思われている「人格」や「母性愛」がゾウたちにも立派に存在していることがわかります。前にも話したように、ゾウたちの生涯は長い旅の連続です。この旅は、群れのゾウが出産するときにかぎって、少しの期間中断します。誕生した子ゾウが旅に参加できるようになるまで、数日間待つのです。

群れはとどまっていた周囲の草や葉を食べ尽くしてしまいます。生まれたばかりの子ゾウは体重が約40~50キロですが、母乳のおかげで10日後には、100キロにもなります。生まれて10日しか経っていない子ゾウは、群れにしたがって千里の生涯の旅に出なくてはいけないのです。歩きながら母ゾウがやわらかい葉っぱを摘み取ってやったり、耳をあおって風を送ったり、ときには鼻を使って子ゾウを押して、群れから遅れないようにしたりします。

川底が浅くなる乾季の旅は子ゾウにとって危険なことはなにもありませんが、雨季は川も湖も水が岸にあふれて、水が石や岩を激しく叩きつけ、危険な存在になります。子ゾウが岸辺に立って、激しい水の流れを目の当たりにすると、怒鳴っているような濁流の吠え声を聞くだけでおろおろしてしまいます。でも大丈夫ですよ。母ゾウが助けてくれます。母ゾウが鼻で子ゾウを落ち着かせ、子ゾウがしっぽをつかめるように体の向きを変えます。子ゾウは鼻を伸ばして、母ゾウのしっぽにしっかりと巻きつけ、激しい水の流れに入り込みます。子ゾウは100回以上もそういうふうにして川を無事にわたりました。

しかしある日、子ゾウが岩の上で滑ってしまいました。そのとき、子ゾウの体重は何百キロもありました。母ゾウのしっぽが頼りになりません。ポキッと音がして、しっぽが断ち切れてしまいました。つかむものがなくなって、子ゾウは水の中で回転しながら流され、母ゾウのしっぽは水中にのみ込まれていきました。断ち切れたしっぽの付け根から赤い血がどろどろ流れているにもかかわらず、母ゾウはすぐに向き直って鼻を差し出して子ゾウを支え、群れのゾウたちが助けにくるまで待っていました。

チュオンソン山脈のゾウの群れでは、2、3回出産した黒ゾウの中で完全なしっぽをもつ母ゾウは少ないのです。しっぽの断ち切れた母ゾウの姿は、母性愛の証しということなのです。

第14話　狩り

狩りのリーダーがゾウの進行を止めました。袋から灰を出し、灰が飛ぶ方向で風の向きを知りました。ゾウに乗ったハンターたちは、黒ゾウの群れに近づくために常に風下にいます。風があやしい臭いを運んでこないので、黒ゾウの群れは自分たちにハンターたちが近づいている危機を感じることができません。

昼寝をしているときにハンターたちに襲われると、ゾウは一番無防備です。歩いているときのような緊張感がなく、円になって眠っている夜間とも違って、バラバラにあっちこっちの木の陰で寝ているからです。

突然襲われると、ゾウたちはパニックに陥ります。リーダーのゾウとオスのゾウが鼻を地上に叩きつけます。鼻の中から空気が猛烈な勢いで出て、斧で鉄板を叩くような叫び声があたりに鳴り響きます。黒ゾウたちはハンターが乗ったゾウの列に突進し、鼻を高く上げて怒りを表し、牙を振りかざします。ハンターたちがドラを激しく打ち鳴らします。ハンターはゾウの頭上に立って、牙を高く上げて突進してくる黒ゾウを待ち構えます。ゾウの鼻をむちで強く打ちます。鼻が一番敏感な場所で、鉛のドラで鼻を打ちつけられ、黒ゾウは慌てて鼻を下げて逃げていきます。

黒ゾウの群れは激しい攻撃を受け、混乱状態になります。ゾウ狩りのハンターたちは、あらかじめ決めた役割分担にしたがって、自分たちが目標にしたゾウを追いかけていきます。黒ゾウたちが森から出ていくように追い立てていきます。黒ゾウが森の中にいたままでは、ゾウの上に乗っているハンターに木の枝がぶつかり、動きがとれなくなってしまうからです。

追い立てる役目のゾウは、黒ゾウたちをアシの原に追い立てます。黒ゾウの群れはアシ原に突進していきますが、アシが足や体にまとわりついて、すっかりゾウたちの

グエンビック画

力を奪ってしまい、ゾウの群れは疲れ切って走ることをやめてしまいます。そのとき、アシの原に追い込んだゾウに代わって、捕える役割のゾウが前面に現れます。巨大で、凶暴なオスのゾウで、2本の竹の子のような牙は途方もなく大きくて、長いのです。この巨大ゾウはゾウ狩りで防衛の役割を果たします。黒ゾウを鎮圧し、仲間が助けにくる道を妨害するのです。

黒ゾウの走るスピードがだんだん遅くなってきときがチャンスです。目標とするゾウがどっちかの後ろの足を上げたら、ハンターは長い竿の先につけた紐の輪を指し出し、足を絡めとってしまいます。ハンターの助手がロープを取り出して、ゾウの足を木の根元にしばりつけてしまいます。足をしばられたゾウの脇を、すぐに3頭の家ゾウが囲み込み、野生の黒ゾウは捕らわれてしまいます。（翻訳・樋口ホア）

第3話　1960年代のベトナムのゾウ

私の手許に『ホーチミン・ルート従軍記——ある医師のベトナム戦争　一九六五—一九七三』（レ・カオ・ダイ著、岩波書店、２００９年）という本があります。レ・カオ・ダイ（１９２８〜２００２年）というハノイ生まれの外科医が、ベトナム戦争最中の８年間を中部高原の野戦病院で過ごした記録です。戦病者・負傷者を野戦病院で治療し続けた最前線の日記です。レ・カオ・ダイは、米軍が空から散布した枯葉剤の被害を自らも受け、戦後は米国の枯葉剤散布を告発し、被害者の救済に尽力しています。

私は、この本を手にしたとき、「この本には絶対ゾウのことがたくさん書かれているに違いない」と確信をもちました。読み進めていくと推測どおり、随所に野生ゾウと、少数民族の村人に飼育されている家ゾウの姿が作者の見事な観察力によって記録されていました。森にすむ野生ゾウ、そしてゾウと生きる人びとの生活の一端を後世に伝えてくれる貴重な記録です。

日記が書かれた当時のベトナム

ベトナムは南北に細長い国土で、南部の中央部に中部高原地帯と呼ばれる高地があります。ヨックドン国立公園はまさにそのまっただ中にあります。この地域はベトナム戦争がはじまる以前は、手つかずの自然が残された森林地帯でした。

１９６０年代の中頃まで、この高地の森林地帯は少数民族と野生動物が暮らすまさに自由の天地でした。少数民族の人びとは農業と狩猟で暮らしていました。

１９６５年、米軍の北ベトナムへの空爆（＝北爆）開始以降、爆撃が一段と激しさを増す中で、中部高原地帯を南北に走るチュオンソン山脈の南端部（ラオス、ベトナム、カンボジアの３つの国が国境を接している地域）に北ベトナムは南部戦線での負傷者・戦病者のための一大野戦病院の建設を計画します。空爆、火炎放射器による集落の焼き討ち、ＣＩＡから武器を与えられたラオス少数民族の強盗団によるスパイ活動など、強大な軍事力をもつアメリカによるベトナムへの襲撃は熾烈を極めました。

北ベトナム軍に従軍した医療チームは、密林の道なき道を爆撃を避けながら徒歩で進みました。野戦病院建設は窮乏を極め、食料の確保も困難を極めました。ハノイから届くのは米と塩だけ、それも十分ではありませんでした。米の貯蔵所までは往復に数日を要し、４００人分の食料は常に足りません。野菜とタンパク源は現地で賄わなければなりませんでした。そればかりではありません。自分たちがキャンプをしている場所を地図上で確認するだけでも1カ月あまりの時間を要しています。正確な地図がない上、人に聞きたくとも人は殺され村は焼き払われているからです。

〈1966年5月15日の日記　ゾウ道に遭遇〉

病院建設のためレ・カオ・ダイ他3人の先遣隊が病院建設予定地を探りに行くが、これは意外と簡単だった。山地に入るとまるで誰かが切り開いたような広い踏みつけ道があるのを見て仰天した。この踏みつけ道は、野生動物が長期間にわたって作った道なのだ。このゾウ道のおかげで、道なき道を切り開きながら密林を突き進む苦労が少し軽減された。

〈1966年5月18日の日記　隊員の食料〉

〝ハンター班がわずか1日のうちに3頭のゾウを仕留めた〟という情報が入った。ジャングルで肉と野菜の自給は大変だった。5キロ以下の動物は撃ってはならないし、小鳥は狩猟禁止だからだ。隊の中には少数民族の人も何人かいて森林にくわしいので大変助かった。獲物はテナガザルとイノシシが数頭。これでは400人以上の隊員にはまったく足りない。この知らせに院長は、各部門にゾウを1頭ずつ割り当てた。最初の獲物だったが、獲物を早く運び肉が腐る前に加工するため空になった米袋とナイフをもっていきゾウ肉を運んだ。

とあります。ゾウを仕留めた場所はキャンプから3時間のところだったとされています。

〈1966年5月20日の日記　ゾウ狩りの犠牲者〉

ハンター班が1頭のゾウを仕留め、1頭に傷を負わせた。そのとき守備隊主任のフンはマラリアで高熱を出して木の葉の部屋で横になっていたが、ゾウのニュースを聞くや興奮のあまりAKライフルをひっつかみ、負傷したゾウの方向へ走った。しかしその後、彼は戻らなかった。

1日が過ぎ、2日が過ぎた。狂ったゾウがフンを踏み潰して殺したことは捜索班にもわかった。彼のAKライフルは小川の底に沈んでいた。

とあります。私は日記を読み終わってレ・カオ・ダイの洞察力のすごさに驚嘆（きょうたん）しました。彼はアジアゾウのすばらしさをこの日記のあちこちで言いあてているのです。彼自身の目を通して、また仲間や少数民族の人から聞いた話をまとめる総合力は並々ならぬものです。抗米戦争中の激務の中で残してくれた素晴らしい財産です。

〈1966年9月25日　ゾウと人〉

米倉庫へおもむく途中、南方翼軍事基地へ資材を運ぶ2頭のゾウに出会ったとき、ゾウ使いはいないのに働くゾウに驚いた。2頭のゾウは鎖で結び合わされつながれていた。
ゾウが道一杯を占め、若い兵士の1群が行く手を阻まれた。脇をすり抜けようとしても2頭のゾウが道をふさいでいて、ゆっくりついていくしかなかった。広い道に出たとき、追い抜いて進んだ。ずいぶん長い距離の間、高い絶壁と谷にはさまれた小道が続いた。兵士たちは長距離にわたってゾウが巻き上げるほこりをかぶるうちに次第に怒りだし、ゾウに向かって罵詈雑言を浴びせた。
ゾウは悪口を言われるのがわかるようで、立ち止まって小道の脇に寄り、兵士や私たちに道を譲った。部隊が通り抜けるとき、ゾウを罵り、こぶしを振り上げる兵士が相当いた。2頭のゾウは小さな丸い目でこちらをじっと見つめ、その兵士に向かってゾウは鼻で砂を吸い上げて振りかけた。このゾウたちは明らかに言葉がわかり、報復手段も知っているようだ。

と、レ・カオ・ダイは書いています。

〈ある兵士の話〉

中部高原南部の人びとはゾウを馴らして仕事に使う。

その兵士の住む地方ではゾウを運搬、特に森の小道で丸太を引っぱる作業に使っていたと言っています。

森へゾウを行かせて、枯れ枝取りと薪運びをさせることもできる。そればかりか子守のような難しい仕事もできる。母親は農作業に出かけるとき、赤ん坊をゆりかごに置いていく。ゾウがゆりかごをゆっくりゆすり、赤ん坊は安心して眠る。

午後、ゾウは赤ん坊を川へ連れていき、鼻で水を吸い水浴びをさせるそうです。

南方翼の兵士はゾウで米と弾薬を運ぶ。ゾウにキャッサバの収穫すらさせる。ゾウ使いはこう命令する。「キャッサバを5株引っこ抜き、そうしたら1株食ってもよい」ゾウは一頭で畑へ行き、命令どおりキャッサバを掘る。収穫した5株を片隅に置きゾウは1株抜いて食う。

命令を受けたゾウは十分な量になると隊へキャッサバをもってきたというのです。

〈1967年2月1日　中央翼で病院建設〉

ここへきてから隊の状況は少しずつ好転した。前線で1年間に3地点を移動する間に18頭のゾウを殺した。将来、環境保護派は私たちの行動を自然資源に対する脅威だときっと非難するだろう。しかし敵と戦う私たちには野生動物が貴重な栄養源なのだ。

と、本音を吐露しています。これは彼自身の実体験です。ハンター班が母ゾウを撃ち、その赤ちゃんゾウを連れて帰って育てたことがあったそうです。

赤ちゃんゾウは子牛ぐらいでみんなにすぐなついた。ハンター班班長のファット医師がどこへ行くときも赤ちゃんゾウは犬のように彼の後を追った。夕方になると赤ちゃんゾウは一頭で隊の周りをグルグル回ったものだ。悲しいことにミルクがなかったため、しばらくして赤ちゃんゾウは死んだ。

とあります。日本の動物園での子ゾウ飼育でも2歳くらいまでは母乳が必要だとされています。戦争中の痛ましい赤ちゃんゾウの死でした。

以上、『ホーチミン・ルート従軍記』を参考にして、森に生きていたゾウの一端を紹介しました。ベトナム戦争の実相や戦争の悲惨さを知る上でも、本書をお勧めします。

第4話　ミャンマー・バゴー山地のゾウたち

私のビルマ紀行から（2007年2月）

かつて、アジアゾウがもっとも得意としていた仕事、森林で働く姿を見られるのはおそらくミャンマー（ビルマ）の森だけでしょう。ベトナムもタイもインドもラオスも森林伐採が禁止され、もはや森林で使役されるゾウを見ることはできません。

余談ですが、1989年6月ビルマの軍事政権は、国名をミャンマーに改称しました。日本政府はいち早く軍政を承認しましたが、軍事政権を認めない立場から「ビルマ」を使い続けている人たちもいます。私もその1人ですが少数派です。

ビルマの森林で働くゾウの姿を見事な写真と文章で綴った大西信吾さんの『ゾウと生きる森』（愛媛新聞メディアセンター、2005年）は、私にとって衝撃的なフォトエッセイで、俄然ビルマの森を訪ねたくなりました。大西さんは何度も、山奥の使役ゾウキャンプを訪れて取材しています。ゾウ使いの生活を写した記録や迫真の使役ゾウや動物たちの写真は、ビルマでのゾウ文化を知る上でとても貴重な記録です。

2007年当時、ビルマはまだ軍事政権によって閉ざされた国であり、未知の国でした。ましてや、ゾウの取材のために奥地の森に入る入国申請の手続きなどまったく見当もつきませんでした。写真学校の友人からビルマ旅行をしたときの旅行会社を教えてもらい、通訳のゾウ・リン・ソーさんからの情報で、ビルマで旅行社を経営している正田正子さんを知ることになりました。彼女は優秀で誠実なツアーコンダクターでした。私が観光客相手のゾウキャンプの見学では満足しないだろうことを察して八方手を尽くし、ご自分の足で確かめた上で、バゴー山地でチーク材伐採の現場で働くゾウに会う旅を企画してくださいました。貴重な体験でした。

２００７年2月、タイのバンコクからヤンゴンに飛行機で飛び、ヤンゴンから車で6時間ほど北へ、タウングーという小さな町からさらに西へ3時間かけて山地に入りました。タウングーでは正田さんの友人のホテルに1泊しました。このホテルは医師をリタイアしたビルマ人が経営していましたが、日本人がきたと聞いてホテルのメイドさんがお母さんを連れて私に会いにきました。なんと驚いたことに、90歳くらいのお母さんは日本語の歌を聞かせてくれました。

「お手々つないで」

「兵隊さんのおかげです」

「君が代」

あとは私の知らない歌が数曲歌われました。戦後70年以上経ち、その後日本語に接する機会がなかったと思われるこのお母さんの記憶のよさに驚きました。歌は教会の尼さんから教わったと言っていましたが、わざわざやってきて日本語の歌を披露してくれたのは、日本人に対して悪い感情をもっていない証しかなと思いました。

ホテルのオーナーの息子であるドクター・チャンと奥さんは２人ともお医者さんでした。まだ30歳代後半の若夫婦でしたが、タウングーでクリニックを経営していました。ドクター・チャンは年に数回、一定期間森でゾウと働く人たちに無料診療活動をしています。正田さんの計らいで、彼の診療活動に同行させていただくことになっていました。

翌朝、市場でガソリン、米、焼きそばの麺、食パン、紅茶、コーヒー、野菜、肉、酒やビールなど買い込みました。車にはすでにマットレスや毛布などの寝具類やなべ釜の調理道具類が積み込んでありました。

私たち一行はドライバー、ドクター・チャン、通訳のゾウ・リン・ソー、コックと私の５人で、三菱パジェロに乗って出発しました。途中レッパンコン村というところでパスポートのチェックを受けました。これから私たちが行こうとしているバゴー山地は第二次大戦中、日本軍のインパール作戦の失敗で、食料ももたず敗走した日本軍の兵士たちの死体が累々と続き「白骨街道」と呼ばれた地域で、正式には外国人立ち入り禁止の地区です。遺族の慰霊のために訪れる日本人遺族はその都度、ビルマ政府から特別許可を出してもらっています。私が政府の許可なしでここを通過できたのは、ドクター・チャンの医師としての信用によるものだと思われます。

チェッムニック村で昼食をとりましたが、レストランの調理場を借りて同乗してきたコックさんが焼きそばを作ってくれました。すぐ先の村の集会所にはゾウキャンプの人びとがドクター・チャンの診療を受けるために集まっていました。この一帯では日本ではもう患者数の減った結核が多発していると聞きました。

バゴー山地に入りました。チーク材の切り出しでゾウが活躍している地域です。私が3日泊めてもらったキャンプでは、4頭のメスゾウ、1頭のオスゾウと5人のゾウ使いさんがチームで働いていました。バゴー山中には森林伐採で使役されるゾウが800頭ほどいて、それに見合う数のゾウ使いがいると考えてよさそうでした。ちなみに年間15頭くらいの子ゾウが育っていると言っていました。

私1人のために若いゾウ使いさんが竹を裂いて平たい板にして床を張り、小屋を作りはじめたので、それを断って5人一緒でよいと言いましたら、ゾウ使いさんたちが使っていた小屋を空けてくださいました。3日の間、彼らは川原に簡素な臨時の小屋を作って寝泊まりをしました。

翌朝、ゾウ使いさんが「ゆうべあなた方の小屋のすぐ脇を野生ゾウたちが通ったよ。新しい足跡があったからすぐわかった」と言っていました。

（あー残念、起きていたら息をひそめて見ることができたのに）

現地に電気はきていませんから、街灯なんてありません。果たして暗がりで野生ゾウを見ることができたかどうかはわかりません。ゾウ使いさんたちは、起きるとすぐ山に放してある自分のゾウを探し出して連れ帰ってきました。それから朝食です。私

伐採キャンプに会いにきた現地の家族と著者（左から２番目）

たちにはコックさんが作った朝食ができていました。

ゾウ使いさんたちは私のために普段どおりの作業を見せてくれました。ビルマでは択抜方式といって、森の木を一斉に伐採してしまうのではなく、幹の直径が70センチ以上の木しか切ることができません。木こりが切り倒した木を周囲の木を傷つけないようにゾウが１本ずつ尾根の集積場まで運び上げ、尾根から谷に蹴落として、下で待ち受けている別のゾウが数本ずつまとめて集材所（土場）まで運ぶという作業をしていました。１本ずつの木にはチェーンがつけやすいように金具が打たれていました。

すべてゾウとゾウ使いさんの共同作業で行われていましたが、山の斜面は

■チーク材の伐採作業

①木こりが木を切り倒す

②ゾウが尾根まで木を引き上げる

③ゾウが峰から蹴落とした木を別のゾウが土場まで運ぶ

滑りやすく、材木は重く、危険かつ重労働です。ゾウ使いさんはゾウに乗ったままますべての作業をします。一部始終を見て（ああ、ゾウの働きのおかげでビルマの森は守られてきたのだなあ）と実感しました。

重機や運搬のトラックを導入すれば、道路建設のために広大な森を破壊しなくてはなりません。排気ガスの問題もあります。

夜になりました。食事が終わるとドクター・チャンが車からギターをもち出してきて奏ではじめました。私の知らない曲ばかりでしたが、「上を向いて歩こう」と「北国の春」の2曲は私へのサービスばかりではなく、広くビルマで愛されているとのことでした。

バゴー山地にて生後２週間目の子ゾウ

ゾウキャンプの人たちも加わって、20人ほどの大宴会となりました。焚き火と手作りの竹製食器、テーブルも椅子も先ほど完成したばかりの手作り品、日本では到底味わえない最高のサバイバルなひとときでした。

次の日、近くの作業キャンプに生まれたばかりの子ゾウがいることをドクター・チャンから聞き、早速会いに行きました。生後2週間目のメスゾウでした。

子ゾウと遊ぶドクター・チャン

母親は「チィンレージー」という名で25歳。5年前に1頭出産していますが、そのときは母乳不足で子ゾウは死亡したそうです。今回は湖に産み落とされているのをゾウ使いさんが発見し、すぐに陸に引き上げて助かったそうです。まだ名前はありません。

子ゾウといってもとにかく力が強く、私とドクター・チャンに「おれはオスゾウだゾー」とばかりに頭突きで迫ってきます。枯葉の積もった地面をズズズーっと滑らされてしまいました。子ゾウは元気にドタドタと走り回り、ときどきお母さんのおっぱいを飲みに戻り、走り疲れるとお母さんの足元でコトンと横になってしまうのです。私はもう楽しくて3日間、子ゾウと遊びました。

山地の森でチーク材の伐採にあたる人たちは、定住地の村に家族を残して単身作業キャンプで働いているので、ときどき家族が訪ねてきます。私の滞在中にも2組の家族たちが父親や夫に会いにきていました。

現場で予定の伐採が終わると、彼らは次の伐採地に移動していきます。彼らの現場はあらかじめ特定できないので、私と遊んだ、いまは8歳に成長しているであろう子ゾウに再び出会えることはおそらくないでしょう。

最終日、私と通訳はドクター・チャンのあとについて村の巡回診療を体験しました。平地ですのでゾウの作業キャンプとは違ったふつうのビルマの農民の暮らしがありました。家々で違う精米のやり方、屋根を葺(ふ)くニッパヤシの乾燥の風景など伝統の暮らしぶりを興味深く見せていただきました。

ドクター・チャンが気がかりだという病人の家を訪れたとき、本人は出作り畑がある家に行っていると聞いて、そこに出向くことになりました。出作り畑の家まで行くには川の中を歩かなければならないので、長靴の用意はあるか、とドクター・チャンが聞いてきました。私は日本から用意してきた長靴に履き替えました。

白砂と清流の織り成す風景に感激して上流をめざして川の中を歩いたのはよかったのですが、足元への注意がゆるみ、波をかぶって長靴の中は水浸しになってしまいました。実は前の日、ビーチサンダルをはいて川で水浴びしていたのですが、小屋の周りの竹やぶがきれいに刈り込まれていたのに気づかず、笹の切り株を踏み抜いて足にケガをしていたのです。まったく私の不注意が原因でしたが、タウングーの市場で購入したビーチサンダルが安物だったこともあって、容易に笹の切り株が突き抜けてしまったのです。

それほどの深い傷でもなかったので誰にも話さず、マキロンで消毒して救急絆創膏を貼っただけで済ませていました。でも、無傷ならともかく、清流とはいえ日本とは違った病原菌や病原虫がいたらどうしようかと急に気になりだし、ドクター・チャンに話そうか迷いました。

でも、アフリカのサファリでも、隣にいた友人がマラリアに罹(かか)っても私は罹らなかった、ツェツェバエに刺されて足がぱんぱんに腫れてもトリパノソーマ原虫による眠り病に罹ることもなかったなど、勝手に理由を見つけて、気にしないと覚悟を決めたのです。そしたら少し気持ちの余裕ができて、人っ子ひとり通らない大自然の空気を満喫することができました。

患者の家では家族が大喜びでドクター・チャンを迎え、ドクター・チャンは患者のおばあさんを丁寧に診察して、薬を与えました。私はドクター・チャンに「薬代くらいはもらえばいいのに」と言いましたが、ドクター・チャンは「いいえ、たいした額ではないし、それに功徳ですから」と言っていました。帰りは通りかかった牛車の荷台に乗せてもらいました。牛車は川の中も平気でわたっていきました。ビルマの牛車はゾウと同じ水陸両用車なのです。

第5話　江戸時代、ベトナムからやってきた2頭のゾウ

毎年4月28日は「ゾウの日」。こんな記念日があることをご存知でしたか？

4月28日はなにがあったのでしょうか？

時は江戸時代、第八代将軍・徳川吉宗の享保13年（1728年）のことでした。海外の文物に強い関心をもっていた将軍・吉宗は、幕府出入りの中国人商人を通じて交趾国（現在のベトナム）からゾウ2頭を取り寄せました。7歳のオスと5歳のメスでした。

出航地はベトナムのハイフォン近くの江南という港で、日本には通訳2人とゾウ使い2人が同行してきました。2人の通訳は日本語が話せず、中国語を話したため、日本では中国人通訳が日本語に訳したと言われています。

メスのゾウは長崎の港に着いてまもなく、口にできた腫れ物が原因でえさが食べられなくなって死んでしまい、7歳のオスゾウだけが江戸の町まで歩いてやってきました。

途中、当時京都にあった皇居で中御門天皇（1702～1737年）にお目見えしています。しかし、このお目見えの際、問題がありました。宮中に参内するには、ゾウとはいえ、官位が必要だということになり、急遽ゾウに「広南従四位白象」という官位が贈られました。天皇にお目見えした日が享保14年（1729年）の4月28日だっ

たのです。ゾウ見物を終えた天皇や公家たちはこのときの様子を歌に残しています。

中御門天皇は
時しあれば　人の国なる　けたものも　けふ九重に　みるがうれしさ

霊元法王は
めずらしく　都にきさの唐やまと　すぎし野山は　幾千里なる

当時誰も見たことがないゾウの江戸までの旅は、国中の評判になりました。中国から上野動物園にやってきたパンダブームのときよりもっと強く人びとの心をとらえたことでしょう。ゾウの来日事件は、各地にさまざまな記録として残されています。その一つ当時の様子を伝える資料を展示する尾西歴史民俗資料館（愛知県一宮市）があります。

２０１５年８月、私はこの資料館を訪れました。資料館のある起宿（おこしじゅく）は木曽川を背に商家や本陣などが残る落ちついた町並みの街です。かつて大名行列、朝鮮通信使、東西の旅人が行き交った美濃路の街道筋に私も立つことができました。

ゾウはこの資料館のすぐ隣、起宿本陣の敷地内に宿泊しています。この資料館にはゾウの行列、船でわたったときの様子などが、初代館長が制作したテラコッタ像で再現され、見事に当時の雰囲気を伝えています。学芸員の宮川充史さんの説明を聞きながら、館内の写真撮影をさせていただきました。

２８０余年の歳月を経て、ベトナムから日本へわたったゾウと日本からゾウに会いに行った日本人を一宮市尾西歴史民俗資料館が引き会わせてくれました。

その後のゾウの行く末……

その後、このベトナムからきたゾウは「享保のゾウ」と呼ばれ、本、錦絵や芝居でも取り上げられ話題になりましたが、哀れな末路をたどりました。

江戸では、殿御殿で飼われるようになり、吉宗公もときどき訪れてえさをあげたりもしました。ところが、ゾウが江戸に着いた翌年にはもうこのゾウを民間に払い下げるというおふれを出しました。でも、引き取り手は現れず、10年間浜御殿で暮らすことになります。ゾウはすくすくと成長しましたが、オスゾウのことゆえ手がかかり、世話をする人たちもかわいがらなくなりました。

そこでこのゾウを、１７４１年4月、えさを運んでいた中野村の百姓・源助に預けることにしました。源助は見物料を取ったりゾウ饅頭を作って売り出しました。はじめの半年は見物人がおしかけ繁盛しましたが、徐々に見物人が減りました。見世物でもうけているという噂が幕府に入り、えさ代も打ち切られてしまいます。源助はえさを少しずつ減らしたため、ゾウは栄養失調から病気になり、その上、冬の寒空に暖房もなく、その年の12月11日、ついに病死してしまいました。はるばるベトナムから連れてこられ、天皇にもお目見えしたゾウは人間の欲望の犠牲になってしまいました。

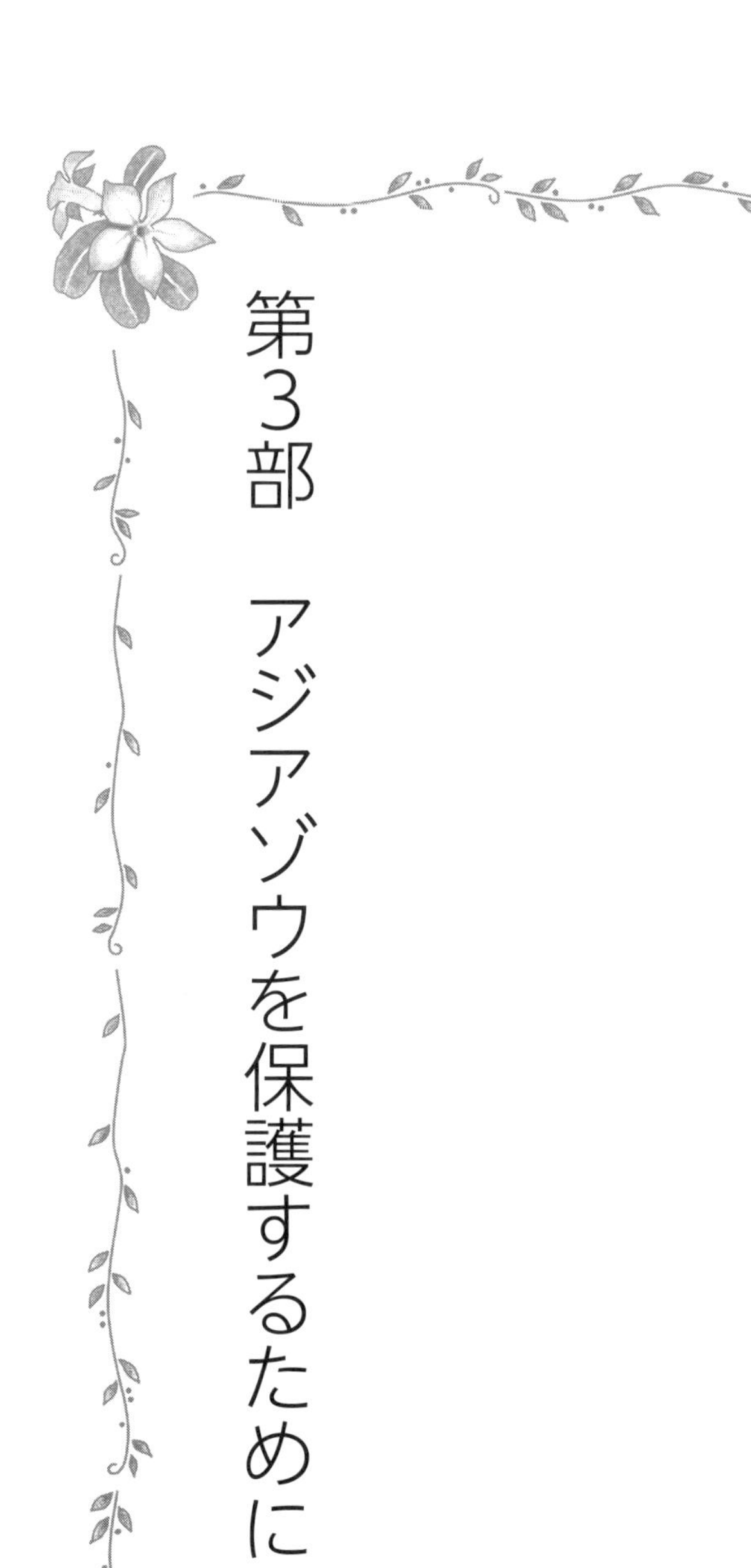

第3部　アジアゾウを保護するために

第1話　ゾウのいる村の小学校との交流

２００２年、はじめてドン村を訪れた私が興味をもったのは、ゾウの王の墓と村の小学校でした。ゾウの王の墓は村はずれにあり、小学校は村の中心部にあります。

２回目のヨックドン国立公園訪問時、大まかな記憶に頼って徒歩で小学校に向かいました。車で通ったときは近いと思ったのですが歩いてみると意外に遠く、汗を拭きながら学校にたどり着きました。

ときあたかも新学期初日の９月１日でした。そう言えば日本の始業式と同じ日です。校庭に子どもたちが整列していました。先生方は、断りもなく入り込んできた外国人がカメラで撮影しても咎(とが)めるでもなく、儀式が進行しました。日本で言う大がかりな鼓笛隊の伴奏で校歌かホーチミンを讃える歌風の斉唱がありました。その後は校長先生のお話を聞き、続いて成績のよかった子ども、勉強をがんばった子ども、よい行いをした子どもの名前が呼ばれて立って表彰を受けていました。

日本の始業式の儀式とは違った実質的な式だと思いました。子どもたちはお風呂場で腰かけるような小型の椅子に座って校長先生の話を聞くので、校長先生やお客さんの長い話にも貧血を起こして倒れる子どもはいませんでした。

イ・ジュット小学校の始業式

女性の先生は全員がアオザイ、子どもたちはこざっぱりとした余所行き(よそ)の白のシャツと紺色のパンツ姿でした。

このとき私は漫然とこのイ・ジュット小学校とのご縁を感じました。その後、ゾウの保護活動を通じて、この小学校の先生、子どもたちと交流を深めることになりました。

第2話　1冊の本が切り結んだ現地との交流

1冊の本、それは『タイグェンのゾウ』です。ハノイのキムドン社から2013年12月13日にベトナム語で出版されました。これは第2部第2話の48ページで紹介した、樋口ホアさんの強力なキムドン社への推挙によって実現しました。基になった写真絵本『象と生きる』（新村洋子著、ポプラ社、2006年）をどうしてもベトナムの子どもたちに読んでほしいとの思いでベトナム語への翻訳料は無料でよいなどの条件を申し出てキムドン社に働きかけ、実現しました。

各教室をまわって本を寄贈する

その後、「ヨックドンの森の会」の活動とも相まって多方面の方々からご支援を受けて1000冊をベトナム各地に寄贈することができました。そのうちの370冊をイ・ジュット小学校の各家庭に1冊ずつわたすことができました。贈呈式は各教室を回って一人ひとりにわたしました。くいいるように本を読む子どもたち、「あ、このゾウ知ってる」とか、そんな中「これ、うちのお父さん」と言って指差した子を見て担任の先生が「お父さんじゃなくておじいさんでしょ」と言うと、その子の「私は12人兄弟でその末っ子なの」という答えを聞いてみんな納得、和やかな笑いに包まれました。

また、翌年イ・ジュット小学校を訪れたときは4年生と5年生の教室を回って授業をさせていただきました。ここではみなさんが『タイグェンのゾウ』の感想文を書いて待っていてくれました。4年生のグエン・ハー・リンさんの感想文を紹介します。

本の感想を発表するリンさん

『タイグェンのゾウ』という本を読んで

グエン・ハー・リン

ゾウについてとても多くのことを知ることができ、私はこの本がとても好きになりました。ゾウは実に大きく、希少な動物です。家ゾウさんたちは、実に身近でかわいいです。ゾウは木材の運搬、人の輸送、観光などで人を助けてくれます。私はタイグェンに生まれてとても誇らしく思います。みんなでゾウを守らなくてはならないと思います。この『タイグェンのゾウ』の作者に感謝します。

この1冊の本は校長先生の協力を得てさまざまな学習に発展しました。自分の家や近所のゾウを絵に描く。家族や近所の人からゾウの話を聞く。『タイグェンのゾウ』を家の人に読んであげる。『タイグェンのゾウ』の感想文を書く。

この本の出版にあたって当時のヨックドン国立公園園長がこの本の推薦文を書いてくださいました。ベトナムの方々の生態系を守るための決意が感じられますので紹介させていただきます。

《自然の生態系をみんなで守ろう》

現在、ヨックドン国立森林公園ではすべての職員が一丸となりこの地域の森と動物の生態系を守る運動に取り組んでいる。つい最近にもケガをして群れからはぐれ、森から出てきた小ゾウを保護した。治療してその後小ゾウは自力で群れに戻れるまでになった。

私たちの保護活動を支援している日本の女性写真家、新村洋子はこの写真絵本をハノイのキムドン社から出版した。これは彼女の個人的関心だけでなく多くの人から支持されている。

現在この本は、日本各地の図書館と多くの教育機関に配備されている。私はこの本

『タイグェンのゾウ』

がベトナムでも普及することを願っている。それは自然の生態系を守る意識の高揚につながることだろう。

2013年7月30日
ヨックドン国立森林公園長
チャン・ヴァン・ターィン

また、この本のことはベトナムの全国紙「トイッチェ」（青年）で1日目はベトナム語で、2日目は英語で大きく紹介されました。

2014年3月27日、来日中のベトナム国家主席（大統領）チョウ・タン・サン氏には赤坂迎賓館で寄贈しました。1冊の本はこうしてドン村とベトナム各地、日本の子どもたちとをつなぐことになりました。

第3話　ベトナムのゾウに会う旅ガイド

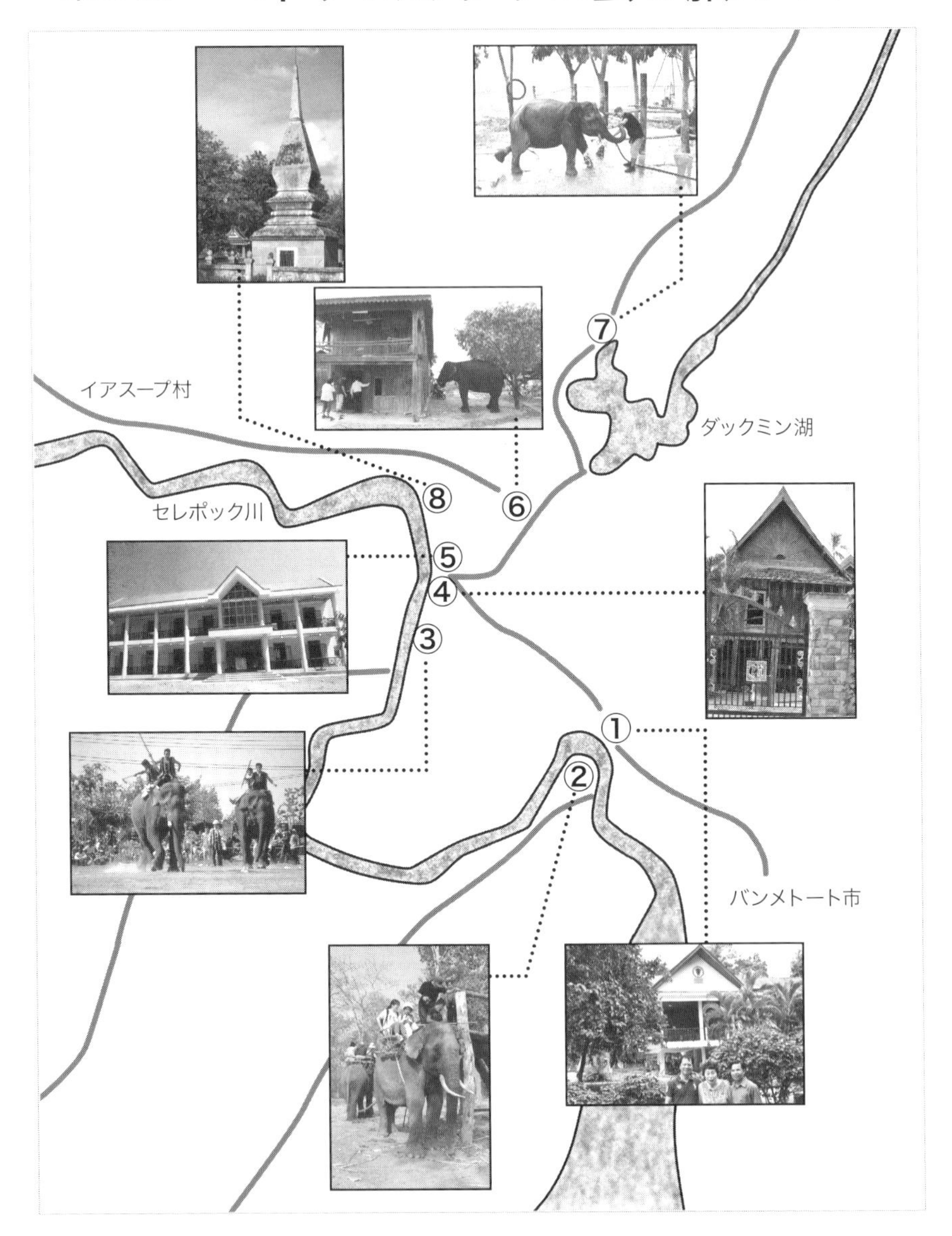

■イラストマップをもってゾウに会いに行こう

①ヨックドン国立公園事務所
ヨックドン国立公園は 1992 年に設立、面積 11 万 5545 ヘクタール。国立公園としては、最近、国立公園になったフォンニャケバン国立公園につぐベトナム第 2 の国立公園。日本の佐渡島の約 1・35 倍、沖縄本島よりやや狭い面積がすっぽり国立公園になっていると想像してください。ベトナムの中部高原地域に位置するダクラック省の省都バンメトートの空港から国立公園行きの定期バスが出ています。

②ゾウステーション
セレポック川をわたった対岸にあります。国立公園のゾウが観光客を待っています。有料でゾウに乗ることができます。

③ブオンドン県フェスティバルセンター（ゾウ祭り開催の広場）
県の大きな行事に使われる広場。２年に１度開かれるゾウ祭りはダクラック省内の家ゾウが集まります。ゾウ祭りは、ゾウ使いさんたちが技と体力を競い、省内で離れて暮らす家ゾウたちの交流の場でもあるのです。

④ゾウ使いの長老アマコンさん終焉の家
ゾウ使いの長老として若者たちを指導し尊敬されたアマコンさん。2012 年 104 歳で亡くなりました。水牛の角笛の名手。彼の功績を讃えて、終焉の地である娘さんの家が博物館になっています。

⑤イ・ジュット小学校
エアマー村の中心にあります。児童数 750 名前後の小学校です。約 500 名がエデ族、ムノン族、ラオ族、ザライ族などの少数民族の子どもたちです。子どもたちは家庭ではそれぞれの民族の言葉で話し、学校ではベトナム語で授業を受けます。学校にきてはじめてベトナム語に接する児童も多いのです。

⑥エアマー村にあるイクエバンさんの家
道端で家ゾウに遭遇することや放し飼いになっている村のゾウに出会うことがありますが、飼い主の家を探すのは困難でしょう。国立公園事務所を訪ねてイクエバンさんの家に案内してもらうとゾウに会えるかもしれません。あるいは山に放してあるゾウのところへ案内してもらえる可能性もあります。

⑦ダクラック省ゾウ保護センター
2011 年３月開設。バンメトート市内のヨックドン国立公園ゲストハウスの１室で開設されました。当初の職員は所長以下５名の職員配置でした。2017 年には、職員 14 名に増員され独立したセンターをもっています。またダックミン湖畔には治療施設を備えたゾウの放飼場ももっています。自由に見学させてもらえます。

⑧ゾウの王の墓
ゾウを捕獲し、飼い馴らして人間と共に働くゾウ文化を作り出した功労者として尊敬され、「ゾウの王」と呼ばれるヌ・トゥク・ヌルのお墓です。1828 年生まれで 110 歳で没しています。その墓はビエンチャン（ラオス）風の方形にした巨大なものです。

第4話　ヨックドン国立公園エコツーリズムのプログラム

次に紹介するヨックドン国立公園のエコツーリズムは、ヨックドン国立公園のツアーガイド課副課長ジオイさんが担当しています。

半日コース、全日コース、1泊2日コースがあります。前にも紹介したように、ヨックドン国立公園は沖縄本島ほどの面積があり、たくさんの体験プログラム、熱帯林の貴重な生態系を実感することができます。

〈半日コース〉

●エレファント・ライド

ヨックドン国立公園はベトナムに30ある国立公園の中で唯一エレファント・ライドを楽しめる公園です。ジャングルの中をゾウの背に乗って、ゾウが食料となる植物を長い鼻を使って集めたり、木の根を抜いたり、道を切り開いたりする様子を見ることができます。ゾウの背に乗ったまま、セレポック川や小川をわたり、滝を見たり、野生ゾウの狩りの様子や飼育に関する話を聞くことができます。

●ハイキング

原始的なジャングルの中を15キロにわたって歩き、フタバガキ科の森林生態系について学びます。ヨックドンのフタバガキ熱帯乾燥林はユニークなエコツーリズムで、フタバガキ林の不思議に出会います。

●ジャンラン村訪問

この村はヨックドン国立公園の緩衝地帯にあり、少数民族であるエデ族、ムノン族が主ですが、ラオス、タイ、ムオンといった場所から移り住んだ人たちが混住、多元的な民族文化を形成しています。他の村とは異なる習慣や住居、伝統的なお祭りは大変特殊なものです。

〈全日コース〉

●エレファント・ライド

●ハイキング

ジャングルの中でピクニックランチ。ブッダの滝つぼで泳いだり、休憩します。

●セレポック川クルーズ

セレポックとは大きな川を意味しており、ブオンドン村を流れています。ラオ語によると「ブオン」とは村、「ドン」とは島、「ブオンドン」とは島中村という意味です。生活には便利な場所です。源流となる川は2つあり、クロンノー川は男川、クロンアナ川は女川とされています。セレポック川は東から西へカンボジアに向かって流れ、メコン川に合流します。したがってセレポック川は逆さに流れる川とも呼ばれています。川の全長は３３２キロあります。

●ジャンラン村訪問

〈1泊2日ツアー〉

●1日目

全日コースのあと、テントを張って一晩キャンプいたします。自然の中での夜をお楽しみください。第２森林管理所で夕食を召し上がっていただきます。

●2日目

朝食後、エレファント・ツアーに合流いたします。ヨックドンの食堂で昼食をとります。

トレッキングの様子

いまも残る手織り物

ゾウ祭りのゾウレース

エコツアー参加者の感想文から

〈ゾウのやさしい目、そして怒りの目〉(2010年5月)

埼玉県三郷市　大場敏明

やさしいゾウの目

ゾウの目は、やさしいのが相場である。ゾウに乗った森のトレッキング、乗り心地はやや悪いがゾウ使いの指示にほぼ忠実に従ってえっちらおっちら、いつもやさしい目である。ときどき好物のタケ、小木、草など食べたいときはゾウ使いの鞭もなんとせん、目をいっそう細くして食べること食べること。満腹にしておくと動かなくなるので人間がわざと空腹気味にしておくのかなと想像。

やさしそうに見える目は、その体の、大きさに比べて細い目がかわいくみえることもあるだろうし、その歩き方や動作が通常穏やかで、ゆったりとしており、全体がやさしく感じるのもあろう。また体が大きくて、敵に襲われることも少ないので、目をかっと見開いて警戒する必要もないのだろう。よく見ると、目が潤んでいたり、涙っぽいゾウもいるが、埃(ほこり)や虫、アリなどがたかったり、目に入ったら大変なので、小さい目になっているのかな、などと想像した。

ゾウステーションのところで、2頭の兄弟カップルが、相並んで佇(たたず)み、やさしくかばいあっているような姿は、微笑ましくもあった。

怒りの目に驚愕

ところが！　である。2泊したダックミン湖で、水浴びゾウに襲撃されかかるという事件に見舞われたのである。ダックミン湖は、まことにのどかで、2頭のゾウが現れ気持ちよさそうに水浴びをするという、平和そのものの風景が眼前に展開されていたのであった。

事件は2日目に起きた。のどかな水浴び、絶好のシャッターチャンスと、4人が湖岸にかけよってカメラを向け、シャッターを夢中で押していた。ところが突然、1頭が水の中で鼻をゆすり、湖水をかき回すようにしたかと思ったら、むくっと立ち上がり、われわれの方に近づいてきたのである。これはますますシャッターチャンスと2、3枚撮るが、ゾウはどんどん近づいてくる。

新村先生が、「ゾウ使いさん」と叫んでおられたが、知らんぷりで助けにくる素振りはない。〝日本語では通じないけどな〟と、余裕だったが、まもなく必死モードで逃げ出すはめとなった。ゾウは逃げる4人を、追いかけてくる。そのときの写真を見ると、ゾウは目をかっと開いて睨（にら）みつけているかのようである。「思わずゾーっとしてしまう」と冗談が出てくるのは、あとになってからである。

なぜ、ゾウがわれわれを追いかけてきたのか。しばらく、この謎解きが旅の話題となったが、結局真相はわからない。ゾウは結構本気だったようにも思える。出てきた説は、脅かし（遊び）説、ご挨拶説、憤懣ぶつけ説、差別怒り説、カメラ誤解説（武器と）などである。学校の教師の説、百貨店の販売プロの説など、異業種参加ツアーの面白さである。

ゾウのような優しい目の持ち主は、まぎれもなく新村洋子先生である。しかも目だけでなく、風貌や体全体から染み出してくるのは、〝ゾウさん〟のオーラである。今回のツアーを先導していただいた折々で「ゾウさんに似ているなあ」と強い印ゾウをもったことを告白し、楽しいエコ企画に感謝しつつ、印ゾウ記とする。

〈いままでにないたくさんの感動体験〉（２０１４年３月）

河野善恵

ある友人から『ゾウと生きる』の著者・新村洋子さんと行く【ベトナム中部高原ゾウ乗りツアー８日間】というのが３月にある、「以前言っていた、ゾウ使いの夢……いかがですか？」というメールを新年の挨拶と共にいただきました。

無類の動物好きを自認している私は、またとないチャンスとすぐ飛びつきました。知らせてくれた彼女を差し置き、ツアーを企画している富士国際旅行社に問い合わせたところ、すぐに資料を送ってくださいました。

ベトナムはまだ行ったことがなく、一度行って見たいと思っていましたし「ゾウ乗りトレッキング」を体験できるというのがなによりの魅力でした。

送っていただいた資料とさっそく取り寄せた『ゾウと生きる』を併せて読み、ますますツアーへの期待が高まっていきました。こんなひょんなキッカケと動機で参加することになったツアーでしたが、私にとっては、いままで参加したツアーでかつて味わったことのない、いくつもの感動体験がありました。

まずその一つ。参加者が8人というきわめて少人数のツアーだったこと。しかもほとんどがベトナムリピーター、ベトナム通のお仲間たちだったのです。そんな中にポツンと飛び込んだ私たち夫婦は、最初はなんだか申し訳なく不安でしたが、みなさん明るく温かく迎えてくださり、すぐに違和感なくとけ込ませていただくことができました。しかも新村先生をはじめ、みなさんすばらしい個性と才能にあふれ、年齢を重ねつつそれぞれの立場で本当に輝いて活躍されている方たちばかりだったのです。

8日間の旅が、本当に充実した楽しいものになったのは、まさにこの方々とご一緒できたからこそ、と改めて感じています。

2つ目は、現地ツアーのガイドのラームさんがすばらしかったこと！　初日から最後までずっと、身を粉にして参加者の要望期待に最大限応えようと努力してくださいました。その誠意あるお人柄に感謝感動でした。モチロン、観光で行った先々でのガイドもわかりやすく、奥の深い説得力のあるすばらしいものでした。

3つ目は、このツアーの主催者である写真家・新村洋子先生がベトナムのアジアゾウの保護活動に身を投じてがんばっていらっしゃることからくる、ベトナム側の信頼の表れが随所に感じられました。

今回はベトナム語版『タイグェンのゾウ』の贈呈式も日程に組まれていたため、一般の観光ツアーではあり得ない小学校やゾウ保護センターの訪問、ヨックドン国立公園園長や職員との懇談の場にも参加させていただく機会に恵まれたことです。ツアー参加者の末席に連なって、まるで俄か親善大使か使節団の一員になったかのような恥ずかしくもちょっぴり誇らしい妙な気分を味わわせてもいただきました。

4つ目は、なんといっても期待のゾウ祭りとゾウ乗りトレッキングです！　ゾウ祭りでは、テレビでしか見たこともないようなゾウの大群、そして陸や水上でのレースなどなど。すごい迫力でした。6日目のゾウ乗りトレッキングは4頭のゾウに2〜3人ずつ分乗して林の中からスタート。林を抜け、川に向う崖っぷちのアップダウンのスリリングなこと！　そして川の中をジャブジャブ……。周りのすばらしい景色を眺めながらの、まさにワイルドでエキサイティングな自然体験、1時間ほどの実に感動的なトレッキングでした！

私たちがふれあうことのできた、訓練されたこのベトナムのゾウさんたち、ほんとうに賢い、やさしい頼もしいゾウさんたちでした。あらためて、人と共存していくことの意味、動物を守ること、森を、自然をも守ることの重要性を痛感しました。観光だけのお楽しみで終わってはいけないと肝に銘じた次第です。

最後に、これはあまり期待していなかったのですが、食事がすごーくおいしかったことです。２００６年７月、トルコに行きましたが、食事に関しては世界三大料理の一つと言われ期待していたものの、少なくとも私の嗜好に合わずガッカリした記憶がありますが（ツアーのグレードによるのかもしれませんが）、それに比べ今回の食事は本当においしかったです。

かつてフランスの統治下にあった影響かフランス料理のオシャレさとアジアンテイストのおいしさが加味されて、予想を越えた大満足のおいしさでした。これも欠かすことのできない感動体験の一つでした。

なにもかもが貴重なすばらしい体験で、この歳にしてこんなにも感動のある充実した旅ができたことに新村先生はじめお仲間の方々、関係者の方々に心から感謝、お礼申し上げます。最後に、ゾウさんたちにも本当にありがとう！

君たちが安心して平和に暮らせる森をとりもどしましょう！

村のゾウを描くイ・ジュット小学校の子どもたち

ゾウ乗りトレッキングが終わって全員集合

第4部　日本からのアジアゾウ保護活動

第1話　いま、なぜアジアゾウなのか

日本でアフリカゾウの人気は高く、研究者も保護支援団体も多いのですが、私が知っているアジアゾウ保護団体は4団体しかありません。そして現在、ベトナムのアジアゾウ保護にかかわっている日本の団体は「ヨックドンの森の会」のみです。

「地球温暖化の防止」「生物多様性の保全」が叫ばれていますが、実はこの両方にアジアゾウが深くかかわっています。

日本は緑豊かな国と言われますが、日本の森と林だけでは、日本列島に十分な酸素が供給されません。アマゾンの熱帯林、アジアの亜熱帯林などが生んだ酸素が風に乗って日本に届き、私たちは生きています。一方、ゾウたちは、1日の大半、えさを求めて森を歩いています。ゾウが生き残るためには広大な森林が必要です。ゾウを守るということは、森林を守るということになります。

森林は二酸化炭素を吸収し、温暖化を防ぎます。森林は森にすむ生物のためだけでなく、人類を含むすべての生物の命を救っているのです。

森の中でのアジアゾウの役割の一つは、森の掃除屋さんでしょう。ゾウは繁茂しすぎた竹を大量に食べます。ゾウが枯れた木や大木を倒すことによって地面に光が届

ダックミン湖畔で突然出会ったゾウ

き、地中に眠っていた植物の種子が発芽し成長します。

　また、大量のゾウの糞の中にはたくさんの植物の種子が未消化のまま混ざっていて、ゾウが移動するたびに広い地域に植物の種子がまき散らされます。糞の中の種子が発芽し、糞の栄養で植物が成長します。また、種子の殻が厚く、自然ではなかなか発芽しないものも、ゾウが踏み砕くことによって発芽します。このようにゾウは、森の再生者なのです。

第2話　WWFベトナムとの間に協力支援協定が成立

２００９年４月、東京・杉並の地で友人たちと「ベトナムのアジアゾウ保護 ヨックドンの森の会」を設立して、熱帯林開発の波にのまれることがなく、ベトナムの動物たちのすみ処を守ろうと日本の地から微力な支援を続けてきました。

多くのベトナム支援がお金や物を贈ることによって成り立ち、必ずしも現地の人の自立につながらないことが指摘されていますが、ヨックドン国立公園の設立とWWF（世界自然保護基金）ベトナムの協力支援協定成立はベトナム人がベトナム人の手でゾウとその生息環境を守るために動き出した結果の快挙です。私たちは待ち続けたこのときがついにきたと感無量でした。

この協力協定によってWWFベトナムは、ヨックドン国立公園への支援プロジェクトを２０１６年12月から開始しました。

２０１６年９月５日、私はヨックドン国立公園園長トゥン氏の計らいで、四者会談に出席しました。会談の場所は、セレポック川を見下ろし対岸にヨックドンの森が海のように広がるヨックドン国立公園の食堂脇のテラスでした。

園長からベトナム動物学権威者ダット氏、WWFベトナム代表のティン氏を紹介されました。４人で思い思いにヨックドン国立公園の将来について語り合いました。この会談で園長は、海外からの関心と支援を紹介する意味もあったようですので、たまたまもち合わせていた私の著書『タイグェンのゾウ』をお贈りしました。お２人とも興味深げに何度も読み返していました。

ＷＷＦベトナムの初期の支援内容は、次のようなものです。

①ヨックドン国立公園の森林保安官40名を新たに補充し、現在の森林保安官28名と共に現場巡視のより高度な訓練を実施する。

②改善されたスマート・システムを国立公園16カ所すべての森林監視所に設置し、そのための知識、技能、設備を十分に備える。

③野生動物の動線を確認、生物多様性をモニタリングする基本的技能を習得させるなど、専門的な技能訓練を実施する。

④国立公園内にＷＷＦベトナムの独立オフィスを設置、２名の職員を配置する。

⑤支援は２０２０年まで継続する。

このような協力協定の内容は、従来の森林局の主要業務が木材盗伐を防ぐための監視、有用木材の生育管理などだったのに対し、生物多様性の保存、野生動植物の保護に大きく舵を切ったものでした。

第3話　次の目標はビジターセンターの建設

２０１６年、ヨックドン国立公園は環境保全運動で成果をあげ喜びに沸いた年でした。いまから10年前の２００７年、ダクラック省人民委員会は投資会社（ＴＥＣＣＯ）によるヨックドン国立公園内の水力発電所設置計画を認可しましたが、住民を中心にした各分野の人びとの反対運動によって白紙撤回されました。これは住民側の大きな勝利です。

２０１６年、ＴＥＣＣＯが開いた環境アセスメントの公聴会で、国立公園森林管理局のチャン・トゥアン・リン副局長は、「プロジェクトは国立公園の生物学的多様性を衰退させ、生態系にも重大な影響を与えるであろうし、野生動物各種、なかでも森林にすむゾウの生育環境、通り道を破壊するであろう」と強調しました。

また、ダクラック省政府の人民委員会、農業農村開発省、自然環境保護協会、天然資源開発省、地元農民たちがこぞって反対を表明しましたが、そのきっかけとなったのは、グイ・ラオドン新聞の取材に応じて語ったヨックドン国立公園園長ドー・クゥアン・トゥン氏の見解でした。

「ヨックドン国立公園の生態系はベトナムと東南アジアの特徴的な森林体系だ。ヨックドン国立公園で工事を行えば、この生態系の環境、生物に重大な影響を与え、希少な動植物にも悪影響が及び、森林管理局に対する森林保護への圧力が増すであろう」

この見解が新聞に掲載されると、農業農村開発省の指導部の1人がトゥン園長のレクチャーを受け、「私もヨックドン国立公園内でのこの水力発電所の建設には反対だ」とトゥン園長に伝えたそうです。このことがまた記事になり、連鎖的に反対の表明が広まっていきました。このような環境保護に対する地元民の意識の高まりをヨックドン国立公園は敏感に受け止めています。そしてこれから急増するであろう観光客に対して、初歩的な環境教育の場としてのビジターセンター建設工事がはじまりました。その際、その建設の支援を「ヨックドンの森の会」に文書で伝えてきました。

私たち日本には、80余年の国立公園を運営してきたノウハウがあります。また、実際の環境保全と生物保護に携わる専門スタッフがいます。このビジターセンターが日本とベトナムの、特に若者が手を携えて地球規模での環境教育を実施する交流の場となったらすばらしいと思います。

かと言って、日本人の市民的なレベルでの自然環境保護に対する意識はそれほど高くありません。私はこのヨックドン国立公園ビジターセンター建設支援が単に建物の建設支援に終わることなく、日本とベトナムが手を携えて、自然や環境保護に取り組む交流のセンターになることを願っています。そのための道すじ作り、カリキュラム作りにヨックドンの森の会がかかわっていきたいと思っています。

4　目標
ビジターセンター建設とヨックドン国立公園を訪れてエコツアーに参加する観光客へのサービスの基盤整備。
5　実施地点と内容
ヨックドン国立公園の事務所区域にビジターセンターを建設。場所は川沿いにある2000平米の土地。そこにある2棟の建物を以下の内容を含めて修理・増築する。 ①既存の2棟を修理してグレードアップする。 ②受付案内、ギャラリー、環境教育と説明の部屋、みやげ物店、飲食提供施設 ③花壇、庭園 ④公園入り口からセンターへの道路整備
6　実現計画
① 2016年：資金集めと提案 ② 2017年：建設と各作業の完成
7　経費見積もり
実現のための建設費は総額で約53億ドン（2524万円相当）と予想される。その内28億ドン（1333万円相当）はベトナム政府による拠出。25億ドン（1200万円相当）の資金調達が必要となる。費用見積もり（略） （翻訳・野島和男）

＊2017年4月1日、ベトナム政府から入り口〜玄関までの道路舗装整備費用500万円、建物補修費用200万円が下りて道路工事がはじまっていた。（新村注記）

■ヨックドン国立公園ビジターセンター建設の提案

1　プロジェクト名
ヨックドン国立公園ビジターセンター建設
2　提案組織
ヨックドン国立公園 Email：tung.kl@mard.gov.vn,tungalinh1106@gmail.com Website：yokdonnationalpark.vn
3　概要
ヨックドン国立公園は1992年に設立、面積115・545ヘクタール、国立公園としてはベトナムで2番目に大きい。ダクラック省とダックノン省にまたがって存在する。保安林には特有の生態系があり、854種以上の植物があるのはベトナムではここだけだ。489種の動物や300種以上の鳥類も確認されている。また、ゾウや有蹄類、貴重な薬になるさまざまな樹木、絶滅に瀕している固有種ある。 　ヨックドン国立公園は、科学研究、学習活動、観光ツアーに活用できると考えられる。また、この地域に長く暮らすユニークな先住民族のタイグェン文化の中心地としても有名だ。そしてまた、野生ゾウの生息地であり、ゾウと触れ合える唯一の場所でもある。そのため、国の内外から毎年多くの観光客を集めてきた。 　2013年11月11日、首相は「2020年から2030年における中央高地での観光開発のためのマスタープラン」（2162／QD-TTG）を承認した。それはヨックドン国立公園の観光ツアーだけでなく、少数民族文化の紹介や生態系研究、山岳冒険旅行、高原リゾートなども示唆するものだ。 　エコツアーや文化探求においてヨックドン国立公園にはとても大きな潜在能力がある。しかしながら、エコツアーを推進する資金には限りがあり、このままでは観光商品としての魅力は半減してしまう。観光客のニーズに応えるインフラの整備や市場開発、ブランド確立も必要だ。 　一方では、リゾートやエコツアーの需要は拡大し、将来的にもますます増大することが予想される。 　しかし、観光客を迎える計画とビジターセンターがないことが懸念されている。森の観光スポットや観光ルートの紹介、生物多様性、先住民族の文化やゾウ狩猟の伝統を展示、環境教育活動、自然を探索する訪問者への物的提供、地域で作られるみやげ物、観光客への飲食提供施設などを整備する必要がある。

ビジターセンター建設予定地の鳥瞰

ビジターセンター（ライブラリー棟）建設予定地

第5部　いま、地球上にいるゾウたちのこと

第1話　地球上に2属3種しかいないゾウ

川口幸男（エレファント・トーク代表）

長鼻目はおよそ5000万年前に最初の祖先が地球上に出現して以来、160種以上（ただし161、177、182種など諸説ある）に分類されていますが、現存するのは2属3種で、いずれも絶滅危惧種になっています。

アフリカゾウは2種いて、野生の生息数はIUCN（国際自然保護連合）の2013年のデータベースによれば、約47万と推定されています。

1　マルミミゾウ（シンリンゾウ）アフリカゾウ属（*Loxodonta*）

中央アフリカの赤道熱帯雨林を中心に生息していて、草原と隣接している森林地域ではメスと子どもは草原に出てくることがあります。メスゾウは人間の脅威から身を守るために、見つかりにくい森林内にいるとされています。群れ構成は、母親とその子どもたち1〜2頭の計3〜4頭が基本単位集団で、えさが豊富なときはこの基本単位集団がいくつか集まります。乾季には水場やミネラル分を多く含む場所に100頭くらいが集まることがあります。えさの種類は250〜300種が確認されています。

行動圏は生息地によって差がありますが、ふつう約500平方キロメートルとされ、アフリカゾウと生息域が重複する一部地域では2種間で雑種が生まれていると報告されています（参考『知られざる森のゾウ――コンゴ盆地に棲息するマルミミゾウ』現代図書、原著Stephen Blake・西原智昭訳、２０１２年）

2　アフリカゾウ（またはサバンナゾウ）アフリカゾウ属（*Loxodonta*）

アフリカゾウはサハラ以南、おもにアフリカ南部と東部の54カ国中36カ国に生息しています。生息場所は低木、潅木、疎林、森林を含む草原ですが、３０００メートル級の高山や半砂漠でもえさになる植物があれば生息しています。

ゾウの群れは通常、年長のメスが率いて広い行動圏をゆっくりと移動しながら採食しています。行動圏は生息地によって差が大きいのですが、平均７５０平方キロメートルに及びます。砂漠が含まれるアフリカ西部のマリ地方では３万平方キロメートルにもなり、東部のタンザニア北部、マニャーラ湖国立公園は地下水があり、森林と豊かな草原が存在するため約50平方キロメートルでした。

活動時間帯は早朝と夕方および夜中で、睡眠は朝3時ごろに2～3時間、暑い日中に1～2時間昼寝をします。

えさは草原では70％が草、木の密生した森林では木の芽や小枝を主食とし、年間約１５０種類を採食しています。サバンナでは、雨季には草が60％で、乾季になると草が5％に減少し、かわって木の枝や樹皮、枯れた草の根を掘り起こして採食する、と報告されています。

3　アジアゾウ　アジアゾウ属（*Elephas*）

アジアゾウは、①スリランカゾウ（基亜種または原亜種）、②スマトラゾウ、③インドゾウ（①②以外のすべてを含む）の3亜種に分類されます。かつてマレー半島のゾウは別亜種に分類されていましたが、大陸続きなのでインドゾウに分類され、ボルネオ島のゾウも分類上は亜種のインドゾウとされています。

草原、熱帯、亜熱帯の常緑や半常緑、湿潤な落葉樹、乾燥した落葉樹、乾性有刺林、耕作地、二次林など、通常人間が利用している地域以外の山地林や藪地に生息していましたが、近年農耕地付近にも出没するようになっています。

1978年7月11日、イギリスのチェスター動物園で、アフリカゾウ17歳のオスとアジアゾウ21歳のメスの間で属間雑種が生まれましたが、7月21日、わずか生後10日齢で腸の病気で死亡した記録があります。

■マルミミゾウ／アフリカゾウ／アジアゾウの３種の体格の特徴

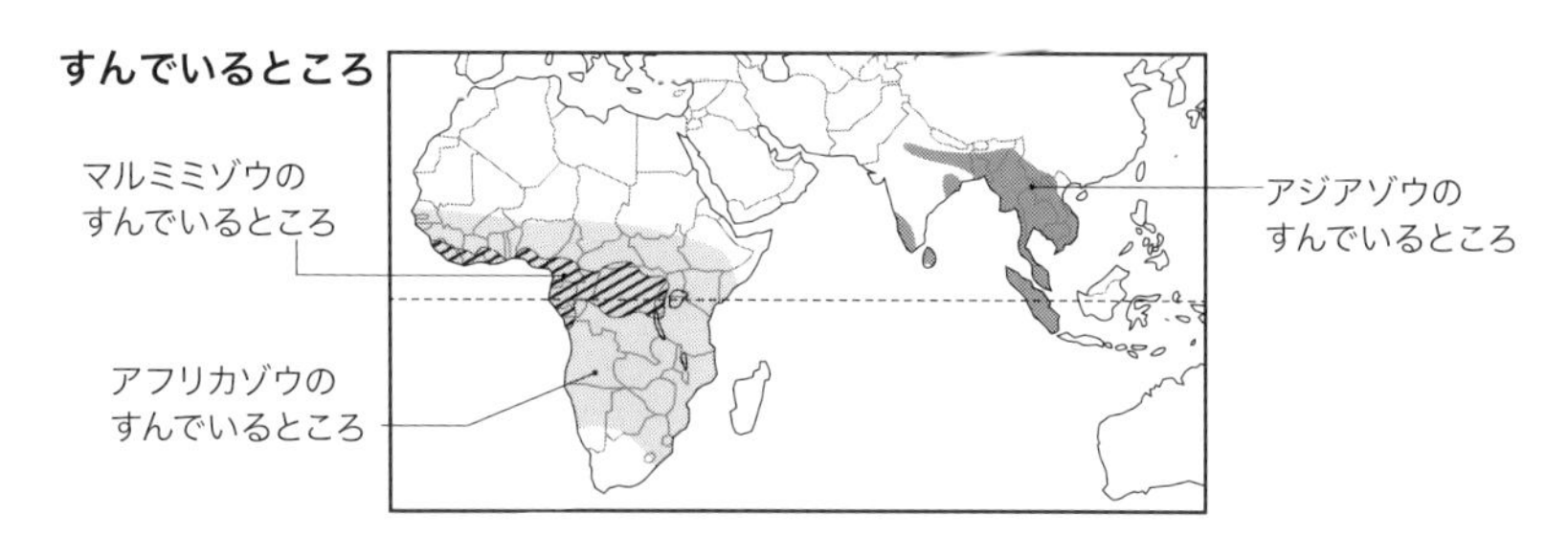

	マルミミゾウ *Loxodonta africana cyclotis*	アフリカゾウ *Loxodonta africana africana*	アジアゾウ *Elephas maximus maximus* （基亜種・セイロンゾウ）
体重	2,000 ～ 4,500kg	4,000 ～ 8,000kg	2,000 ～ 7,000kg
体長	400 ～ 600cm	600 ～ 750cm	500 ～ 650cm
肩高	200 ～ 300cm	250 ～ 400cm	200 ～ 370cm
一番高い部位	肩部と腰部	肩部	頭部・背の中央
皮膚	しわが多い	マルミミゾウより しわが少なく、荒い	しわが細かく、 なめらかな肌
頭部の形	ほぼ平	ほぼ平	こぶが２つある
背 （稜線）	頭部から腰部にかけて 緩やかに凹む	中央が凹む	緩やかな山型のカーブ、 又は平ら
牙	雌雄あり 下方に向かって伸びる	前方に向かって伸びる	メスは短く約 30cm 未満
肋骨の数	20 ～ 21 本、個体差がある	20 ～ 21 本、個体差がある	19 ～ 21 本、個体差がある

＊稀に巨大な個体や小型の個体がいる。マルミミゾウでは肩高 285cm、体重推定６トン。アフリカゾウのオスでスミソニアンに展示されているオスは肩高 380cm、体重は 10 トン以上と推定されている。現在、神戸市立王子動物園で飼育中のアジアゾウのオスは肩高 350cm と発表されている。多摩動物公園で飼育されていたアフリカゾウのオスは体高 345cm、体重 7,560kg あった。

第2話　インドゾウ　アーシャーとの出会い

横島雅一（上野動物園飼育展示課東園飼育展示係）

1984年9月20日の深夜、上野動物園にトラックが2台到着しました。インドからやってきたアーシャーとダヤーという7歳のメスの子ゾウが入っています。一緒にきた飼育係のアラムダール氏に声をかけられながら輸送箱から出されると、青草を食べたあと、氏に連れられてゾウ舎に入って行きました。終わったのは3時30分頃です。これが、私とアーシャーとの出会いです。

前年に亡くなった、インディラ（戦後、インドの故ネール首相がインドの子どもたちから日本の子どもたちにと贈られたゾウ）の後継者として故インディラ・ガンジー首相が同様に日本の子どもたちへと贈ってくれた2頭です。賢く、可愛いゾウをとインド国内を探して、当時寺院で飼われていた2頭をボンベイ動物園（現在のムンバイ）で数カ月飼育したあとにはるばる日本にやってきました。1週間の検疫のあと、9月30日に歓迎式典が行われ、色チョークでお化粧した2頭がお披露目されました。

私は新しいゾウがくるということで、数カ月前からゾウ担当になりました。大きなジャンボ（メス）とメナム（オス）をまじかに見ていたので、その小ささと可愛らしさに目を奪われました。この先の大変さなど思ってもいません。小さいといえどアーシャーは肩高173センチ、体重1230キロ、ダヤーは肩高168センチ、体重1050キロありました。

アーシャーには私たち飼育係と上野動物園、そしてゾウ舎を覚えてもらい、馴れてもらわなければなりません。そのために調教をはじめました。やんちゃですが人に馴れやすい性格が幸いしました。インドで少し調教されていたため、私たちを覚えて馴れれるにつれて号令を聞き分けられるようになり、約3カ月で基礎的なトレーニングは終了しました。アラムダール氏から「調教は愛情をもって行うことが最も大切だが叱るべきときはしっかり叱る、けじめをつける」と助言を受け、ゾウと喜怒哀楽をわかち合いながら行いました。

大変仲のよい2頭で、アーシャーはダヤーの姉さんのような存在です。ダヤーに号令をかけたり、叱っていると運動場の端から走ってきて「なにをしてるの」と言わんばかりに邪魔をします。来園から15年、メナムと同居させ子どもを産ませることを目指しましたがうまくいきませんでした。

1998年10月〜1999年3月まで市原ぞうの国に、2002年5月〜2005年11月まで横浜市立金沢動物園にブリーディングローン（動物園が互いに動物を貸し借りする契約。生まれた子は分け合う）で出かけました。金沢動物園ではオスゾウ（ボン）との相性もよく交尾までいきましたが、妊娠はしませんでした。

2009年10月からは豊橋総合動植物公園に行きました。ダーナは妊娠させたことのあるオスゾウです。発情が順調にきているアーシャーには期待がもてました。２年後の２０１１年９月にメスゾウ（マーラ）が誕生しました。嫁に出したとはいえ上野動物園ではじめての子ゾウです。そして、２０１６年10月にオスゾウを出産しました。今回は、豊橋動物園のゾウ舎が工事に入るため、出産経験が豊富な市原ぞうの国へ２０１５年10月から行きました。アーシャーにとっては16年ぶりの訪問です。

ゾウの知能研究として、アーシャーに足し算の実験を行いました。一ケタの足し算での結果の大小判断では87％と高い割合で正答しました。バケツを２つ用意して中が見えない位置にゾウを立たせて、リンゴを３個と５個入れ次に２個ずつ追加するところを見せ、選ばせます。また、５個入れたバケツに１個、３個入れたバケツに４個足したところ和の差の小さな実験でも大きいほうを選びました。

アーシャーの故郷インドでは、２００７年度の調査では１万８６００頭余、２００２年度の調査では１万７４００頭余との報告が環境森林保護省からありました。しかし、州によって増えたところと減ったところがあります。インド政府はゾウ保護のために、１９９２年にプロジェクト・エレファントを開始しました。

・ゾウの生息地と移動経路の確保
・人とゾウとの対立の問題への対応
・飼育されているゾウの福祉

ゾウが生息する17州（保護区は13州で設置）には財政面・技術面で支援が行われて

います。保護区の設置によってゾウの増加、人間社会との軋轢、事故死を防ごうとしています。また、飼育しているゾウに個体情報の入ったマイクロチップを装着して密猟などの防止と飼育環境の改善・充実にも取り組んでいます。環境森林保護省はゾウの売買は、野生ゾウの乱獲が懸念されるとして禁止しています。日本では、国内で飼育されているアジアゾウを保護し、繁殖させる努力が求められています。そして、少しずつ動きはじめています。

アーシャーと横島さん（左）

第3話　タイのゾウ　アティがやってきた日

乙津和歌（上野動物園飼育展示課東園飼育展示係）

上野動物園のオスゾウ「アティ」は現在21歳です。体重はおよそ４０００キロで背の高さは３メートル近くになりました。15年前に来園したときの体重が１０００キロ程度でしたので、たくましく成長してくれました。これまで大きな病気をすることもなく、短かった牙もいまでは立派に伸びましたが、オスは５０００キロ以上にもなるのでまだまだ大きくなってくれるでしょう。

アティがまだ小さい頃は私たち飼育係を背中に乗せてダンスを披露したり、立ち上がってお客さんにポーズをしてくれました。ただ、成長とともにオス本来の気性の荒さが表れはじめ、飼育係への攻撃的な行動も次第に目立つようになりました。現在では、飼育係が柵を隔てた状態で、コミュニケーションづくりを行っています。

アティで20頭目のゾウ

１８８２年（明治15年）に開園した上野動物園では、１８８８年から太平洋戦争中と戦後の数年間をのぞいてずっとゾウを飼育しています。これまでに20頭のゾウが上野動物園にやってきました。一番最近きたゾウがアティで、メスの「ウタイ」と一緒にタイからきました。２００２年10月のことです。

当時アティは5歳、ウタイは4歳でした。アティとウタイが上野動物園にやってくる話は半年前に突然、舞い込んできました。タイ政府から、タイで自然保護に取り組む日本の国際ＮＧＯ「オイスカ」の日々の活動に対する感謝のしるしとして、また２００１年に皇太子夫妻に長女・愛子さまが誕生されたことをお祝いして「日本のみなさまへのプレゼント」としてアティとウタイが贈られることになりました。

日本には国立動物園がありませんので、２頭を受け入れる動物園として上野動物園の名前が挙がったのです。ただ、上野動物園には前の年にインドからメスの「スーリヤ」を受け入れていて、ようやく動物園のくらしに馴れてくれたところでした。神経質なゾウが新しい環境に馴れるのには時間がかかるので、私たちはホッとしていたところでした。そこへさらに2頭のゾウがくると聞いて私たちは戸惑いました。当時の飼育課長が「お話をいただけるうちにもらっておこう」という判断でアティと

アティと乙津さん

ウタイの来園が決定したのでした。

繁殖を目指して

２００２年10月11日の夜、２頭を載せたトラックが到着し、多くの人が見守る中、ゾウ使いとともに２頭は日本の地にはじめて足をつけました。アティは怖がってなかなか箱から出てきませんでした。ゾウ使いが出るように促しても「キューキュー」と高い声を出して興奮しながら指示に抵抗していたのをいまでもよく覚えています。

当時の上野動物園のゾウ舎は４部屋しかなく、スーリヤ以外にもメスのダヤーとオスのメナムの３頭がくらしていたため、アティとウタイは２頭で一部屋を使うことになり、少し狭い思いをさせていました。

アティたちが到着して１週間後、オスのメナムが死亡するという事件が起きました。39歳、痛めていた足が急に悪化したためでした。到着してすぐのころ、アティとメナムが鼻を伸ばし合って挨拶していました。もしかすると「あとは頼んだぞ」などとオス同士で会話をしていたのかもしれません。

このメナムは年上のメスたちに囲まれて暮らしたためか、大人になってもメスに関心をもたず、あとからきた「ダヤー」や「アーシャー」といった若いメスとも繁殖につながりませんでした。

そんな経験があったため、アティにはウタイ、スーリヤとうまくペアになってもらい、繁殖につながるように飼育方法や繁殖技術の向上に取り組みました。その成果もあり、２０１５年にアティとウタイの間に命が宿りました。結果的には残念ながら流産してしまいましたが、今後につながる大きな一歩でした。今後のかれらに期待したいと思います。

ゾウの保護が進む

アティの来園を打診されたときの「話があるときにもらっておく」という飼育課長の判断は正しかったと思います。というのもその後、タイではゾウを保護する対策が本格的に取り組まれるようになりました。例えば、国内のゾウの頭数を把握するために、ＩＣチップなどを用いて飼育ゾウの頭数管理の徹底に取り組みはじめ、この登録作業が完了するまで少なくとも10年間はゾウを国外には出さないという方針を打ち出しました。

事実、アティたちがきた2年後に宮崎市に2頭のゾウがタイからやってきて以降、タイから日本へのゾウ導入は途絶えています。そして現在、「10年方針」から10年以上が経過しましたが、政情不安も重なりゾウに対するタイ政府の方針も定まっていないのが現状です。

今後、タイから再び日本へゾウが届くようになるためには、少なくとも現地のゾウたちの生息環境が改善することが条件のひとつになるでしょう。そのためには日本も、タイをはじめゾウが生息する国の自然環境の保護への協力が欠かせません。ゾウの生息する場所は発展途上の国や地域と重なります。現地の人びとが豊かなくらしを求めて開発や経済活動を広げることによって、ゾウをはじめとした野生動物との衝突が各地で発生しています。その結果、20世紀初頭に10万頭はいたといわれるアジアゾウは現在では３万頭程度まで減少しています。この傾向は今後も続くと思われます。

ゾウというユーモラスでインパクトのある動物が姿を消してしまわないように、地球全体でかれらを守っていく姿勢が求められています。

第4話　東山動植物園にやってきたスリランカゾウ

橋川央（東山公園協会教育普及部長、前東山動物園長）

東山動植物園は２０１７年３月で開園80周年を迎えましたが、開園以来一度も展示が途切れたことのない動物が、アジアゾウとチンパンジーです。戦後、生き残った２頭のアジアゾウを見るために、日本各地から子どもたちがゾウ列車で名古屋にやってきました。

そんなゾウとの歴史的な経緯もあり、東山動植物園では将来構想のひとつとして、アジアゾウの飼育をこれからも継続することに決めました。

そこで、アジアゾウが１頭になっていた２００３年に、次世代のゾウを探しはじめ、スリランカのデヒワラ動物園がクロサイとの交換ならばゾウを出せるという情報を得ました。さっそく、国内でクロサイの確保をはじめたところ、運よく２つの動物園で繁殖した雌雄１頭ずつが転出可能でした。そこでこの２頭を譲り受けて、アジアゾウ２頭と交換することになりました。

こうして２００７年にやってきたのが、メスのアヌラ（当時５歳）とオスのコサラ（当時３歳）で、両方ともスリランカのピンナワラにあるゾウ保護繁殖センター生まれの個体でした。

来園時にゾウに同行してきた2名のゾウ使い（マフー）から、職員が飼育指導をしてもらいました。オスのコサラは人によく馴れていて、トレーニングも順調でした。ところがメスのアヌラは現地でケガした後肢を毎日治療していたので、少し警戒心がありましたが、トレーニングを通じて職員とのコミュニケーションがとれるようになっていきました。

２頭はまだ幼かったので、一緒に飼育していましたが、３年後の２０１０年にはマウントの行動が見られるようになりました。交尾にまでは至らないので、遊びのひとつぐらいに思っていました。ところが職員の前では絶対にしなかったのですが、お客さんから交尾の目撃情報がありました。

その後、糞中の黄体ホルモンの上昇があり、１年ほど経過するとアヌラのお腹が大きくなってきたのがわかりました。そして、最終的に超音波診断によって妊娠を確定しました。交尾はやはり２０１０年の３月頃で、出産時期は２０１２年11月から２０１３年１月の間と予測しました。実際の出産は２０１３年の１月29日の夜でした。ヒトは10月10日間、母体にいると言われていますが、ゾウは平均で約22カ月の長い妊娠期間になっています。

ゾウは出産時に興奮して、産み落とした子どもを乱暴に扱ったり、攻撃することもあるので心配していましたが、アヌラは初産にもかかわらず落ち着いていて育児もとても上手な母親でした。これは自分が群れの中で育ち、他の個体の子育てを何度も見

アヌラ（左）、さくら（右）と橋川さん

てきたからだと思いました。

生まれた子どもはメスで、体重が130キロあり、「さくら」と命名されました。出産についてデヒワラ動物園に連絡したところ、海外へ送ったスリランカゾウではじめての繁殖だと言われ、スリランカの新聞にも載りました。

さくらが生まれてから2カ月後に、新ゾウ舎が完成して、秋のオープン前までに親子3頭が移動しました。新ゾウ舎はスリランカをテーマにした施設で、ゾウのことがよくわかる展示のほかにスリランカの自然も紹介しています。

スリランカも他のアジアゾウの生息地と同じように、農作物を荒らしたり、列車事故でケガや死亡する個体がいて、人間社会との軋轢が生じています。また依然、密猟も行われています。

それでもスリランカの人びとにとってはゾウは神聖な動物であり、有名なペラヘラ祭やピンナワラの保護繁殖センターには多くの外国人観光客が訪れています。昔と形は変わっても、人とゾウがいい関係で共存していくことを願っています。

第5話　スマトラゾウのアスワタマとイダ

川上茂久（群馬サファリパーク園長）

アジアゾウは、現在3つの亜種が認められ、その一つがスマトラゾウで、インドネシアのスマトラ島に生息しています。スマトラゾウは、現地で、ガジャ（Gajah）と呼ばれていて、肩高2～3・2メートル、体重2000～4000キロ、肋骨が20ペアあることが特徴で、他の2つの亜種のアジアゾウ（スリランカゾウ、インドゾウ）に比べて小型のゾウです。

スマトラゾウの生息地は、スマトラ島内のみに限定されています。スマトラ島は森林伐採などによって生息地が急激に減少し、人とゾウの軋轢も問題になっていて、アジアゾウの中でも優先的に保護する必要があると考えられています。

1986年にインドネシア政府は、ゾウの保護のためにゾウトレーニングセンターと7カ所の保護区を作り保護に取り組んでいます。現在では、スマトラゾウコンサベーションセンターとして活動しています。

2016年の報告によると野生ゾウの生息数は、1980年代には2800～4800頭、2007年には2400～2800頭と減少し、2014年には1720頭になっています。また、25年間でスマトラゾウの生息地は、69％が失われ、２０１４年には、人とゾウの軋轢や密猟で78頭が死亡したとされています。

　１９８６~１９９５年に6カ所のゾウトレーニングセンターで５２０頭が保護され、飼育されていますが、保護ゾウが増加した結果、２０００年末には、３９１頭のスマトラゾウが、国内の動物園やサファリパークに移され保護されています。一方、インドネシア国外でのスマトラゾウの飼育は、２０１０年の資料では6頭とされています。

右から川上園長とイダとアスワタマ

　群馬サファリパークは、２０００年からインドネシア・ボゴールにあるタマンサファリインドネシアと姉妹パークの協定を締結し、オランウータンがすめる森林を取り戻そうと「オランウータンに森を返そう」キャンペーンを行い、毎年インドネシアで植樹と寄付を行ってきました。

　この保護活動の延長として２０１０年からスマトラゾウの保護繁殖への協力をインドネシア政府に申し出て、２０１３年にスマトラゾウ共同繁殖保護計画の合意ができました。２０１４年6月18日、この繁殖保護計画に基づいてインドネシアからオスゾウ「アスワタマ」（２００９

年生まれ）と、メスゾウ「イダ」（２００６年生まれ）が飛行機で８時間かけて、群馬サファリパークに無事到着しました。

その後、群馬サファリパークでは、インドネシア人のキーパー２名と当時のキーパー２名で飼育管理を行い、繁殖に向けてのトレーニングや、性ホルモン検査などを行っています。

インドネシアからゾウ舎前に着いてゾウを出す準備中

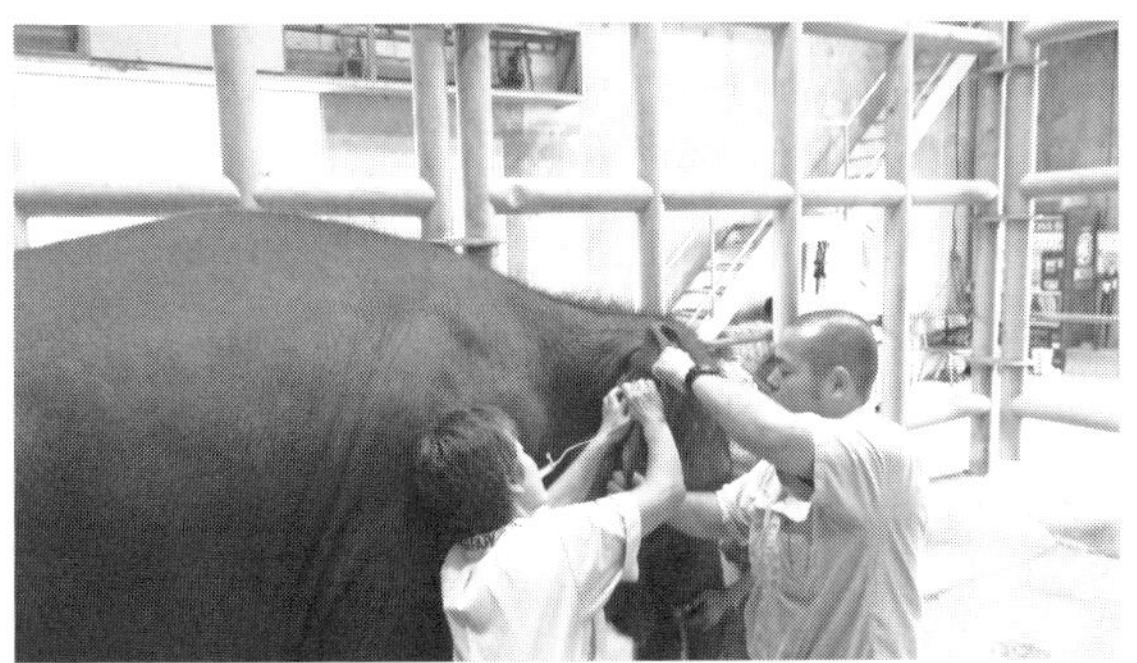

性ホルモン検査のための採血の様子

インドネシア人のキーパーと当園のキーパーとの共同作業中

第6話　ラオス人民民主共和国のゾウ事情

堀浩（NPO法人アジア野生動物研究センター代表）

ラオス人民民主共和国（通称ラオス）は、日本人には馴染みの薄い国です。インドシナ半島にあるＡＳＥＡＮ加盟国で唯一の内陸国で、国土の70％が高原や山岳地帯です。現在でも木材生産が主要産業になっています。

歴史をたどると１３５３年、ランサーン王国によって統一建国されたのがはじまりとされています。ランサーンとは「１００万頭のゾウ」という意味で、当時の戦争はゾウを戦車として使っていた時代ですから、近隣国に対してかなりの勢力を誇っていたのでしょう。山岳がしめる国土の状況を考えると多数のゾウが生息し、飼育されていたと考えられます。

12世紀のカンボジアのアンコール王朝の寺院（アンコールワット）の建設にはたくさんのゾウが使役されたという逸話もあります。当時、ラオス・カンボジア・タイなどにはアジアゾウが多数生息して、現代に至るまでの家畜化の歴史の基になったと思われます。

しかし、18世紀にはラオス国内で内乱が起こって国力が分散し、19世紀にはタイの支配下に入ります。この時期、ラオスの野生ゾウはタイで調教され、森林作業（伐採搬出）に使役する家畜化が進んだと考えられています。

19世紀半ばになると、フランスがインドシナ半島に進出して植民地化を進めますが、タイの支配下にあったラオスの王族はフランスの力を借りてタイに対抗しようとします。１８９３年にはフランスとタイの戦争が起こり、ラオスはフランスの保護国となり仏領インドシナ連邦に編入されてしまいます。フランスの保護国になったラオスでは、ゾウ文化が衰退していったと考えられています。

「１００万頭のゾウ」は王の力を誇示したもので、当時の実態は不明ですが、多数のゾウがいたことには違いはありません。

しかし、現在では森林地帯が国土の47％にまで減り、経済の多様性と人口増加率の高さ、天然資源に依存した経済成長によって年間30万ヘクタールの森林が消滅していると報告されています。

森林の消滅は、野生ゾウの生息にも、飼育ゾウの繁殖にも影響を与え、１９９６年に２０００～３０００頭と言われていた頭数が、現在では野生ゾウが２００～５００頭であると断定する研究者もいます。

１９９３年、ラオス畜産局の報告では、飼育ゾウはサイヤブリ県（タイ北部との国境地帯）に５００頭、ウドムサイ県に３０５頭、他の県の頭数を合計して１０２０頭としています。しかし10年後の２００３年の報告では、推定数ですが野生ゾウ２００頭、飼育ゾウ６００頭と約半数に減少しているとしています。

ラオスのゾウと堀さん

ラオス政府は、歴史的な「ゾウ王国」を再現しようと2006年からサイヤブリ県で「ゾウ祭り」を開催して、首相・閣僚も出席して箔をつけているのですが、年々参加頭数が減り、今年（2017年2月）はわずか68頭というさみしさでした。

地場産業が乏しいため、違法森林伐採を放置していたラオス政府も、2016年には違法伐採完全禁止に踏み切ったため、ゾウを飼育している意味がなくなり、手放すゾウ所有者が数多く出てきています。すでに外国の業者が50頭以上を買い集めたという話も聞こえてきます。ラオスのゾウはすべて個人所有なので、公的に保護してゆくのが困難なのです。

私たち「アジア野生動物研究セン

ター」は、２００４年からアジアゾウの種保存とゾウ文化の保存に取り組んでいますが、２０１６年からラオス森林伐採完全禁止で飼育が困難になった使役ゾウの保護を目的に、日本のサファリパークやサーカスなどの支援を受けて現地に「ゾウキャンプ」を建設中です。

ラオスでは、次々と自然の森林地帯が消滅し、森林は木材価値の高いチーク材の人工林と化しています。使役ゾウの出番がなくなり、８００年以上の歴史をもつアジア独特の文化である「マフー（ゾウ使い）文化」はゾウ使いの技術低下、後継者不足によって途絶えようとしています。アジア特有の「ゾウ文化」「マフー文化」を絶やさないためにラオスからゾウとゾウ使いを招聘し、サファリパークやサーカスでその技術を受け継ぎ、その技術を生かした仕事をしてもらっています。

第7話　子ゾウ結希とともに

坂本小百合（市原ぞうの国園長）

２０１３年春、神戸市立王子動物園からアジアゾウの「ズゼ」の第３子の出産と子育てをサポートしてもらいたいという依頼を受けたとき、正直不安もありました。一方で、日本生まれのゾウを１頭でも多く誕生させたいという思いもありズゼが妊娠約15カ月のとき神戸から約12時間かけて、当園へ来園しました。ズゼが来園したとき生後１カ月の子ゾウ「りり香」と母ゾウ「プーリー」の様子を見せたり、ズゼにりり香とのコミュニケーションをとらせたりして子育てを勉強させました。

そして２０１４年６月12日、５日間に及ぶ辛い陣痛を乗り越え、体重１４２キロ、体高１０６センチ、体長１１０センチのとても大きな男の子を産みましたが、ズゼは産まれた子どもに鼻で触ることができても直接、母乳を飲ませることがどうしてもできなかったのです。

母親のズゼから搾乳した乳を子ゾウに哺乳瓶で飲ませましたが、絞った母乳だけではお腹をいっぱいにすることができず「お腹すいたよ」「さみしいよ」と、ボーボーと悲しい子ゾウの声がゾウ舎内に響きわたっていました。本来であれば、生後１～５時間ほどすると母乳を飲み、お腹いっぱいになったら寝るというのが普通です。

次の日、赤ちゃんの命を一番に考え、獣医師と相談のうえ生後9カ月のりり香を育てているプーリーの母乳を直接吸わせることにしました。成功する確率は低いと思っていましたが、プーリーもりり香も赤ちゃんを温かく迎えてくれました。世界でも稀な乳母による子育てがはじまったのです。子ゾウは日本のゾウの希望を結ぶ子になってほしいという願いを込め「結希（ゆうき）」と名付けました。

左から結希と坂本園長とりり香

タイの友人のホテルで10年ほど前、2頭のゾウが同じ時期に出産をし、残念なことに1頭の母親が死んでしまいました。2頭の子ゾウは残った母ゾウの母乳で成長しましたが、この母親は自分の子どもには授乳するものの、自分の子が飲み終わって、もう一頭の子ゾウが乳を飲もうと近づくと蹴っていたシーンを私も目撃したことがあります。

幸い、母親を亡くしたこの子ゾウは混合栄養によってですが、立派に成長し、２０１６年には無事に母親になることができました。

結希３歳のお誕生日。左から３頭目がりり香、４頭目がゆめ花、５頭目が結希、６頭目がプーリー。(2017年6月12日撮影)

プーリーは、４７０日間りり香と結希に母乳を与え、しっかりと子育てをしてくれました。乳離れをしたいまでも、結希はなにかにびっくりしたときや怖いと思ったときはプーリーの元に飛んでいきます。これは、プーリーが実の子のように育ててくれた証だと思います。

将来、りり香と結希との間に赤ちゃんが生まれることでしょう。ゾウの知能の高さ、感情の豊かさや愛情の深さを１人でも多くの方に伝えられるように、これからもがんばらせていただきます。

解説

地球上からゾウを失わないために

楠田哲士（岐阜大学応用生物科学部准教授・動物園生物学研究センター）

ゾウは、ライオンやキリンと共に動物園の人気者。これらの動物は「動物園の三種の神器」といわれたほどで、いまも動物園になくてはならない存在です。戦後復興期とそれにつづく高度経済成長期には、アジアゾウがタイやインドなどからたくさん輸入されました。その時代に日本にやってきたゾウたちは、この20年ほどの間に立て続けに亡くなっています。ゾウの寿命は約60年ですから、天寿を全うしたものもたくさんいます。ちなみに、大きなニュースになった東京の井の頭自然文化園のはな子は、1949年にタイから日本にきて、2016年に69歳で亡くなっています。

一方で、当時は動物園でゾウが出産することはありませんでした。オスゾウにはムスト（マスト）という特有の生理現象があり、年に何度か非常に粗暴で攻撃的になる時期があります。この時期は飼育係の号令をきかなくなり、ひどい場合は、酔っぱらいのような暴れゾウ状態になり、手がつけられなくなるようです。そのため、ほとんどの動物園ではメスだけを1頭で飼育する時代が続きました。ゾウは母系社会を形成する動物なので、メスが1頭というのは本来の姿ではありません。オスがいても雌雄1頭ずつのペアだと、なかなか繁殖につながりませんでした。

日本へ初渡来したとされる応永15年（1408年）から600年以上、動物園として日本で飼育がはじまった1888年（上野動物園のアジアゾウ）からでも129年が経過しています。そんな長い飼育の歴史の中で、アジアゾウの妊娠出産は18例しかありません。このうちの15例が2000年代に入ってからのものです。子が成育しているのは約半数にとどまります。繁殖例は増えてきていますが、全体的には高齢化が進行しています。

日本だけでなく世界の動物園で50年以内にはほとんどいなくなってしまうのではないかという試算が出されるくらい危機的な状況です。このままでは近い将来、動物園からゾウが確実に消えます。

大学の研究者も、動物園と一緒に、ゾウの繁殖にむけて繁殖生理を長年研究してきました。確実な繁殖管理のために、性成熟状況を調べ、排卵周期を明らかにして雌雄のペアリング適期を予測し、交尾したら妊娠判定を行い、妊娠末期からの検査では出産日を予測します。本書に出てくる上野のウタイ、東山のアヌラ、王子のズゼ、市原のプーリー、群馬のイダなど、全国のほとんどの繁殖ペアの繁殖研究にかかわっています。ここまでしなければ、偶然の繁殖に任せていてはゾウは動物園から姿を消してしまうのです。

動物園でゾウを飼育することの意味は、昔とはずいぶん変わりました。珍しい動物を飼育して見せる、来園者からすると見て楽しむ、という目的だけではなくなっています。野生動物の絶滅が進行する中で、世界の動物園は「見世物的展示から保全のための飼育」に、その役割を進化させてきました。現代の動物園には、絶滅危惧種や生物多様性の保全といった使命が与えられています。

野生のアジアゾウは東南アジアと南アジア、アフリカゾウとマルミミゾウはアフリカ大陸に生息していますが、それぞれに危機的な状況に直面しています。動物園でも、ゾウの生態にあわせて、オスの管理技術を向上させ、メスは群れ飼育できるように施設の改良が行われてきました。相性のよいペアを探すために、動物園間でゾウの移動も行われています。繁殖例が増えてきたのは、このような飼育環境の改善の結果でもあります。そして繁殖研究も進展しました。今後ますますゾウの繁殖環境が整えられていくでしょう。

動物園は、あって当たり前の存在になっていますが、遠く危険な生息地へ行かずとも、容易に本物に出会え、その臭いを感じ、あの迫力を間近で感じられる貴重な場所です。ゾウを飼育下で繁殖させ、その種を守っていくことは動物園の使命ですが、ゾウやその生息地の現実を来園者に知ってもらうこと、そこから一人ひとりが自然環境に思いを馳せ、さらには自らの行動を環境にやさしく変え、自然環境の保全に積極的に取り組んでいってほしいと願う教育的役割も求められています。また、近年では、日本の動物園も現地の保全活動や現地民に対する環境教育などに貢献するようになってきています。

この本には、ベトナムでのゾウの現状や新村さんの思い、保護活動の実際が紹介されています。遠い国の話ではなく、みなさんにも簡単にできることがあります。それは動物園に行って、動物園や動物たちへの理解を深めることです。日本にいるゾウたちは、みなさんを生息地へいざなうメッセンジャーです。動物園に行ってゾウを見て野生のゾウを想像し、生息地や動物園での保全への挑戦を理解し、それを周りの家族や友人に広めてください。その積み重ねによって、きっとゾウは守られていくはずです。地球からゾウを失わないために、動物園でゾウを当たり前に見られる日が続くよう、みなさんも応援し続けてください。

あとがきにかえて

このたび幸いなことに公益財団法人自然保護助成基金からの助成をいただきこの本の刊行が実現しました。これをお読みいただいて、さらに多くのみなさまの自然環境保護の理解が深まることを願っています。

「ヨックドンの森の会」設立から8年が経ちました。２０１６年12月、支援先のヨックドン国立公園がついに「ベトナム人がベトナム人の手でベトナム政府から資金を得て自然をゾウを守るために動き出した」のです。ついにこのときがきたと感無量です。国際的な環境保護機関ＷＷＦベトナムとの協力協定が成立したことに、私たちの会もとても励まされました。

次の大きな目標は、ヨックドン国立公園から支援を要請されているビジターセンターの建設です。みなさまもビジターセンターの建設の過程に加わることによって人生の、生き方のヒントを得られるかもしれません。特に若者のみなさん、日本とベトナムの人たちの心をつなぐ自然保護活動を編み出そうではありませんか。

ヨックドンの森の会会員をはじめ、さまざまな分野の方たちの協力を得て、日本とベトナムの人たちの心をつなぐことができればと願っております。

最後に、15年間現地でお世話になった方々が4人も亡くなられました。ここで感謝と哀悼の意を述べさせていただきます。

ヨックドン国立公園副園長のランさん、ゲストハウスの朝食が口に合わないかと心配されバンメトートのご自宅で、奥様手作りの朝食をごちそうしてくださいました。また困難な取材にも数々の便宜を図ってくださいました。同じく副園長のスワンさん、東北大震災のとき、被災者のために多額の支援金をいただきました。

ゾウ使いの長老アマコンさん、お話が上手で、書物には書いてないさまざまな情報をくださいました。また、高齢なのを心配して職員が禁止していたことも、私が取材のためにお願いするので私が行くのを楽しみに待っていてくださいました。水牛の角笛による数々の名演奏は、テープに録音してありますのでたびたび聞かせてもらっています。

ゾウ使いのイシェーンさん、マコンさん亡きあとのゾウ使いのリーダーとして手腕を発揮していたのに本当に残念です。あの人懐っこい笑顔に会えないのもさみしいです。

みなさま、本当にありがとうございました。

ベトナムのアジアゾウ保護 ヨックドンの森の会代表

新村洋子

アフリカゾウの密猟が
地元民の生活を困窮させています

アフリカゾウの象牙は現在、主に各国のテロ組織団の資金源として大量に密猟されています。

そのためアフリカでは毎年およそ100人のレンジャーがテロ組織集団に殺害されています。殺害は住民を巻き込み、騒乱状態を引き起こしています。そのためアフリカ各地では国立公園などの観光客が激減し、国の財政を窮地に追い込んでいます。

2016年9月24日～10月5日、南アフリカ共和国のヨハネスブルクで第17回ワシントン条約締結国会議が開催されましたが、ここでアフリカゾウの密猟禁止が大きな議題となりました。

アフリカゾウの密猟禁止については、1989年ワシントン条約締結国会議により、象牙の商取引が一切禁止となりゾウの密猟が激減しました。

ところが10年経った1999年、日本一国にだけ輸入許可をとの申請を日本が出し、喧々囂々（けんけんごうごう）の反対の中で承認されました。これがきっかけで以後また密猟が横行しました。

昨年のワシントン条約締結国会議では、各国が大きな象牙市場をもつ日本に国内市場の閉鎖を迫りました。しかし日本側は応じることはありませんでした。アメリカも中国も国内の象牙市場の閉鎖を宣言し、日本だけが孤立する形になりました。

日本の決断がアフリカゾウの命とアフリカでのレンジャーや住民の命を守ることになります。私たち日本人すべてが象牙の消費をやめるべきだと思います。

ベトナムのアジアゾウ保護 ヨックドンの森の会

2014年
3月9日〜16日、第10回エコツアー実施。
・ゾウ祭りに参加。
・ヨックドン国立公園に『タイグェンのゾウ』500冊寄贈。
・イ・ジェット小学校の各家庭に『タイグェンのゾウ』寄贈。(合計370冊)
・来日中のチョウ・タン・サン国家主席(大統領)に迎賓館で『タイグェンのゾウ』寄贈。
9月25日〜29日、『タイグェンのゾウ』をハノイ国家大学、ホーチミン師範大学、ダラット大学、タイグェン大学、バンメトート市立図書館、ハノイ市、ホーチミン市動物園、自然保護局などに寄贈。
・ホーチミン市ツーズー病院で読み聞かせ授業。
・イ・ジュット小学校各教室で授業(『タイグェンのゾウ』の感想文書いて待っていてくれる)。
・全児童に4色のボールペン、学校にデジタルカメラ寄贈。
2015年
9月18日、密猟者に牙を切りつけられたトンガンに見舞金300ドルをわたす。
2016年
3月1日〜7日、AWRCのタイマヒドン大学での研修に国立公園職員ジョイ氏を派遣。
3月9日〜15日、第11回エコツアー実施。
・佐々木学朝日新聞ハノイ市局長がツアーに同行取材。5月31日付け朝日新聞全国版朝刊の国際欄に紹介される。
9月5日〜7日、トンガンの見舞金としてわたした300ドルが公園職員の手で乾季のえさ不足のときのための飼料供給の農園になっていてサトウキビ、バナナが実っているのを見学。
・会代表がヨックドン国立公園から招かれて訪問。トゥン園長、ゾウ保護の専門家ダット氏、WWFベトナム代表ティン氏と新村で四者合同会談。今後の保護活動の見通しを話し合う。
・建設中止が決定したドランフォック水力発電所の国立公園職員と地域住民との交流集会に参加。
・野生ゾウに荒らされたトウモロコシ畑を住民の案内で視察。
・ヨックドン国立公園とWWFベトナムとの間に支援と協力の覚書交換。
(9月24日〜10月5日、ワシントン条約締結国会議が南アフリカ・ヨハネスブルクで開かれる)
12月10日、ヨックドン国立公園とWWFベトナムとの間に協定が成立。監視カメラの設置と保安官への保護対策指導がはじまる。

資料 現地支援のあゆみ

2009 年
4月、ベトナムという国やゾウが好きな仲間と一緒に「ベトナムのアジアゾウ保護 ヨックドンの森の会」を設立して、ゾウの保護活動に取り組む。
8月 13 日、AWRC の堀浩氏と三宅隆氏から米国製自動撮影デジタルカメラの寄贈を受ける。
9月 26 日、ヨックドン国立公園にカメラ2台を届けに行くが台風と洪水で空路が断たれ、やむなく帰国。
10月 16 日、フエ市在住の支援者ディン・ラーム氏の手でヨックドン国立公園にカメラを届ける。
2010 年
3月 24 日～ 30 日、第5回エコツアー実施。
・ゾウ祭りに参加。
・イ・ジュット小学校に文具と画材を寄贈。高木靖司さんの新聞紙を使って「なにができるかな」のパフォーマンスを披露、交流を深める。
5年 19 日、会員からデジタルカメラ（ソニー）2台、会からデジタルカメラ（富士フィルム）1台を大阪日本中国旅行ツアーに託してヨックドン国立公園に寄贈。
8月 25 日～ 30 日、第6回エコツアー実施。
・イ・ジュット小学校に神戸市の獣医夫妻と会員で文具、画用紙、画材、おもちゃを寄贈。
2011 年
3月 26 日～ 31 日、第7回エコツアー実施。
・会員と美術教育を進める会のみなさんとで4年生全員にクレパスをわたして「私とゾウ」をテーマに授業で交流。全員の絵をいただいて帰る。
5月 29 日～6月 11 日、第8回エコツアー実施。
・神戸シルバーカレッジのみなさんと縄跳びグループ、折り紙グループに分かれ交流。
2012 年
3月 26 日、第9回エコツアー実施。
・ゾウ祭りに参加。松平晃氏のトランペット演奏で交流。
・イ・ジュット小学校との交流、児童が草笛でベトナムの唱歌を奏でてくれる。
・前年のゾウの絵のお礼に全員の作品をカラーコピーして絵を返却。
・学校にリコーダー 10 本を寄贈。
2013 年
12月 13 日、ハノイのキムドン社からベトナム語『タイグェンのゾウ』出版。

【著者紹介】

新村洋子（にいむら・ようこ）

ベトナムのアジアゾウ保護 ヨックドンの森の会代表。
写真家／絵本作家。
1940 年生まれ。
2009 年4月、ベトナムという国やゾウが好きな仲間と一緒に「ベトナムのアジアゾウ保護 ヨックドンの森の会」を設立して、ゾウの保護活動に取り組んでいる。
主な著書：『ゾウと生きる』（ポプラ社、2006 年）、ベトナム語版『タイグェンのゾウ』（ハノイ・キムドン社、2013 年）。

■研究や自然保護活動の実績

- 2006 年：写真展「ゾウと生きる」を開催。東京銀座富士フォトサロン、福岡富士フォトサロンなど。『ゾウと生きる』（ポプラ社）刊行。
- 2007 年：写真展開催。浅草松屋デパートギャラリー、伊那市かんてんぱギャラリー、その他、東京都内、伊那市、三郷市、神戸市など。
- 2009 年：「ベトナムのアジアゾウ保護 ヨックドンの森の会」設立に加わり、ゾウと森の保護活動に携わる。イ・ジュット小学校で子どもたちの感想発表を基にした授業を行う。

■著作、講演、TV 出演など

- 2004 年：NHK ラジオ深夜便「ないとエッセイ」でベトナムゾウとの出会いを語る。
- 2006 年：ポプラ社から『ゾウと生きる』出版。同書が第 18 回毎日新聞社、全国学校図書館協会共催読書感想画コンクールの高学年の部指定図書となる。
- 2008 年：伊那市まほらいな市民大学で講演「ゾウと生きる」。以後、都内、伊那市、神戸市の小、中、高校で講演及び公開授業、伊那弥生ヶ丘高校文化祭２年連続で写真展とチャリティーバザー。
- 大妻女子大学で講演と講義、２年連続「ベトナムのアジアゾウ保護活動」。
- 2013 年：国際ソロプチミスト国分寺・同伊那市で卓話とチャリティーバザー。キムドン社からベトナム語版『タイグェンのゾウ』出版。

どこに行ってしまったの!?　アジアのゾウたち
あなたたちが森から姿を消してしまう前に

2017年9月30日　第1刷発行

著　　者　　新村 洋子
発 行 者　　上野 良治
発 行 所　　合同出版株式会社
東京都千代田区神田神保町 1-44
郵便番号　101-0051
電話　03（3294）3506
FAX　03（3294）3509
振替　00180-9-65422
ホームページ　http：//www.godo-shuppan.co.jp/

印刷・製本　　株式会社シナノ

■刊行図書リストを無料進呈いたします。
■落丁乱丁の際はお取り換えいたします。

ISBN978-4-7726-1318-7　NDC480　210×148